드론, 입문부터 제작까지

사물인터넷을 활용한 드론 DIY 가이드

김회진 · 김시준 · 패트릭 에릭슨 공저

光文閣
www.kwangmoonkag.co.kr

드론을 DIY하는 것은 다른 어떤 DIY보다 재미있고 성취감이 느껴지는 분야이고, 또한 첨단의 취미이기도 하여, 해외 유명 커뮤니티 사이트에서는 GPS 기반 자율비행(Autonomous flight), 비행 중 물체 탐지 및 회피, 옵티컬 플로우(Optical Flow) 센서, 초음파 센서, Lidar 광학센서 등 다양한 센서들을 갖고 고도 유지 비행을 테스트하는 등 다양한 시험들이 3~4년 전부터 이슈화되고 있다.

물론 드론은 최근 한국에서도 매우 각광을 받고 있는 분야이고 관심을 갖게 되는 분야이지만, 다분히 FPV 드론 레이싱, 항공 촬영 등 취미 중심에서 화재가 되는 경우가 많은 것 같다. 위에서 언급한 다양한 실험들은 최근에야 시도되고 있다. 이러한 점들을 보면 상용 드론 분야에서 한국의 기술 수준은 3~4년 뒤처져 있다고 볼 수 있다. 현재 드론 선도 기업인 3D로보틱스, DJI같은 기업들은 분명히 몇 년 전부터 일어났던 다양한 실험들을 흡수해 왔다고 볼 수 있다.

하지만 아쉽게도 우리의 비즈니스 현실은 다소 유리하지 않은 것 같다. 오픈소스 플랫폼인 아두이노도 선진국에 비해 2~3년 늦은 이제야 활성화되고 있다. 사실 대다수 우리가 알고 있는 오픈소스 비행 컨트롤러(Flight Controller)의 기원인 멀티위(MultiWii)와 아두파일럿(ArduPilot)은 아두이노 프로젝트에서 시작되었고, 이를 기반으로 파생된 플랫폼이 다수이다. 다소 SW적으로 난개발된 멀티위를 개선한 베이스플라이트(Baseflight), 클린플라이트(Cleanflight) 플랫폼이 있고, NAZE와 CC3D가 그 산물이다. 아두파일럿(ArduPilot) 프로젝트는 아두이노의 메가 버전에 기반한 APM 비행 컨트롤러를 탄생시켰고, 이러한 커뮤니티 노력들은 3D로보틱스의 픽스호크스(PixHawk) 비행 컨트롤러의 오리지널 보드인 PX4 탄생에 분명히 기여했다고 생각한다.

이러한 인식과 함께 이 책을 쓰게된 동기는 2년 전 시작된 오픈 메이커랩 보드(Open Maker Lab Board)라는 아두이노 프로미니에 기반한 멀티위 비행 컨트롤러를 설계하면서 시작되었다.

사물인터넷 기업을 표방하고 2014년 말 ㈜열린친구를 창업한 이후, 메이커 운동의 지지자로서 아두이노에 기반한 교육사업, 사회 공헌 활동에 참여하였고 한국과학기술대전, 메이커스 런(Maker's Run)과 같은 국가적 메이커 행사에 IoT 부문 심사위원으로 참여도 하였다. 이러한 개인적 활동과 회사에서의 메이커 비즈니스는 다분히 아두이노 커뮤니티에 기반하였다. 이러한 아두이노 커뮤니티에 진 빚을 갚고자, 그리고 장기적으로 아두이노에서 습득한 IoT 기술을 활용하고자, 아두이노 커뮤니티를 위한 멀티위 호환 보드를 만드는 프로젝트를 수행하여 그간 협업 관계에 있던 메이커 기업인 ㈜JK전자와 협업으로 오픈 메이커 랩 보드라는 FC를 만들었다.

오픈소스로 공개되어 어려운 프로젝트는 아니었지만, 기존에 익숙한 아두이노를 활용하여 프로젝트를 하고 싶지만, 성가신 회로기판 설계와 많은 납땜들의 수고가 장애물이 되었던 아두이노 열혈 팬들을 위해, 조금의 디자인과 조금 더 손이 가는 PCB 회로기판 설계 등을 통해서 브레이크아웃 보드(Breakout board) 형태로 오픈 메이커 랩 보드 v1를 개발하였다.

사실 멀티위는 2011년 프랑스인 알렉산드라(Alexandre Dubus)의 아두이노 오픈소스 프로젝트 결과물로 아두이노 프로미니와 게임기 위(Wii)의 부품을 조합하여 FC(Flight Controller)를 만들고, 아두이노 IDE를 사용하여 펌웨어를 개발하였다. 멀티위(MultiWii)에서 위(Wii)라는 이름은 닌텐도사의 동작 게임기인 모션 플러스(Motion Plus)의 자이로스코프 센서와 눈차크(NunChuck)의 가속도계 센서를 사용했기 때문이다.

이와 같이 해외에서는 아두이노를 이용한 드론 프로젝트가 수년 전부터 활성화되어 지금은 오픈소스 드론의 양대 산맥인 멀티위와 아두파일럿으로 성장하였다. 하지만 국내는 아두이노 도입도, 이를 활용한 드론 FC 프로젝트도 수년 정도 늦었다. 드론은 초기에 다소 조잡한 기술로 시작되어 주류 시장으로 성장하는 파괴적 기술(Disruptive Technology)의 대표적 사례로서 대기업들은 한낱 취미생활로 드론을 등한시한 사이에 DJI, 3D로보틱스와 같은 선도 기업은 격차를 벌리고 앞서나갔고 시장은 주류 시장만큼 파이가 커졌다.

DJI 팬텀, 3DR 솔로, Parrot 비밥 드론같은 기성의 드론을 날리는 것도 좋지만, 기왕에 확산된 아두이노 커뮤니티의 열혈 팬들을 위해 Back-to-the-basic으로 돌아가 아두이노 프로젝트를 통해 새로운 오픈소스 드론에 도전할 토대가 되기를 희망하며 아두이노 프로 미니 기반 FC를 만들었다.

오픈 메이커 랩 보드를 만들었지만 마땅히 홍보할 곳이 없어, 국내 최대의 아두이노 커뮤니티인 아두이노 스토리로부터는 평소에 많은 도움을 받았고 또 함께 메이커 DIY의 활성화를 위해 노력했던바 우리의 프로젝트를 공유하기로 하고 'Arduino Pro Mini로 만드는 MultiWii 250 드론 만들기'라는 제목으로 2016년 4월부터 연재를 시작하였고, 회사의 튜토리얼에도 'Let's Make a Drone'이라는 제목으로 연재를 시작하였다.

이러한 활동들을 기반으로, 2016년 말 서울의 모 대학과 한국인터넷전문가협회에서 드론 전문가 과정으로 강의를 하게 되었다. 두 번의 강의에서 다양한 대학의 학생과 항공 분야에 오랜 전통이 있는 대학의 교수님, 건설업체 임직원 등 다양한 수강생들을 대상으로 강의한 자료를 바탕으로 교재를 정리하여 출판을 하기로 결정하였다.

이 책은 드론을 제작하거나 연구를 목적으로 하고자 하는 분들을 위해 전반적인 배경 지식과 실무 지식을 습득하도록 구성하였다. 이러한 목적에 충실히 하고자 첫 번째, 드론의 전반적인 이해에 필요한 원리와 구조, 드론 플랫폼, 비행 컨트롤러, 추진력 설계, 통신 방안, 조종 모드 등의 내용을 다루었다. 두 번째, 이 책은 이론적 배경 지식으로 실제로 드론을 제작할 수 있는 실무 지식을 제공하기 위해, 오픈 메이커 랩 보드 v1 FC에 기반한 멀티위 250 드론을 실제로 제작하는 방법론을 다루었다. 덧붙여, 작은 MCU 용량으로 멀티위 플랫폼 기반 드론에서 다루기 어려운 FPV 텔레메트리, 카메라 짐벌, 랜딩기어의 제어 등에는 픽스호크스 기반 비행 컨트롤러에 기반하여 설명을 하였다.

마지막으로 최근의 드론 연구 흐름을 반영하여 열린친구에서 후원한 프로젝트 팀(Open Maker Drone Team)의 실내 픽스호크 라인 트레이싱 드론(Pixhawk Line Tracing Drone) 프로젝트를 설명하였다. 이 프로젝트는 서울의 모 대학 컴퓨터과학과의 졸업작품전에서 최우수상을 수상한 팀(EverywhereDrone)의 프로젝트에 대한 후속 개발로, 멀리 스웨덴에서 유학 온 패트릭과 유명 벤처의 기술이사와 학업을 병행하고 있는 김시준, 그리고 필자와 함께 세 명으로 오픈 메이커 드론팀이 구성되었고 프로젝트가 수행되었다. 멀티위에서 부족했던 SW적 목마름을 프로젝트에서 소개된 메브링크(MavLink)와 드론키트(DroneKit)를 활용하고, 라즈베리 파이(Raspberry PI) 3와 카메라를 통한 비전 인식 알고리즘을 구현해 본다면 본격적인 개발의 준비가 된 것이다.

플러스 알파! 실내 픽스호크 라인 트레이싱 드론 프로젝트는 오픈 메이커 드론팀의 프로젝트와 함께 드론 제작 및 개발자를 위해 오픈한 오픈 메이커 드론 커뮤니티(www.openmaker.co.kr)를 통해서 공개되고 있고, 게시판을 통한 질의응답도 가능하다.

끝으로 이 책이 출간되기까지 도움을 주신 분들과 광문각출판사 박정태 회장님, 그리고 임직원 여러분께 감사의 인사를 드린다.

대표 저자 김회진

PART 01

IoT와
드론의 이해

IoT와 드론의 이해

벤처 입장에서 IoT는?

"Right Choice?"

IoT는 표준화된 정의가 없을 뿐더러, 기존에 네트워크 중심의 관점에서는 중소 벤처가
설 땅이 없다. Hype?

"Right Market?"

실리콘밸리 뱅크같은 엔젤 투자 기관은 인터넷 기업에 비해 긴 투자 회수 기간으로 벤처기업에
덜 매력적인 분야로 분석하는 데 우리한테 기회가 될까?

그렇다면 경쟁할 수 있는 타겟을 좁히면?

"Device focused?"

Pinpoint 솔루션으로 신속한 제품화가 가능하지만 많은 벤처가 참신한 아이디어에 기반하여
만든 디바이스들의 수명은 길지 않았다.

좀 더 지속 가능한 Emerging Device 분야가 있을까?

Drone & Robotics 분야는 M2M 관점에서 공유하는 점이 많으면서 향후 파급 분야가 광범위하고
발전 잠재성이 크다.

서문에서 밝혔듯이 필자는 사물인터넷 기업을 표방하고 창업을 하였다. 하지만 막연
하였다. 일반적으로 사물인터넷의 정의는 사물을 인터넷으로 연결한다는 용어 그대로의
개념 정도만 명확하지 사실 기업을 하는 입장에서는 두리뭉실하기 군이 없는 정의였다.
즉, 사물인터넷으로 시장의 세그먼트를 정하여 고객을 찾기가 쉽지 않았다. 주변에 다양
한 센서와 저전력 블루투스(BLE)와 같은 통신 모듈을 적용하여 스마트 전원 플러그, 스
마트 온도계, 스마트 물병 등의 나름 획기적 IoT 제품화에 성공한 기업들을 보았다. 하

지만 유망한 이들 벤처는 어김없이 2차 양산의 벽에 부딪혔다. 그 이유는 그들의 타겟이 주로 얼리어답터(Early Adapter)로 주류 시장(Mainstream market)의 고객에 다가가지 못한 것이다. 2차 양산의 투자자 유치, 제조 원가, 규제 등 여러 가지 원인이 있지만, 근본적인 원인은 우리가 아직 변화의 최종 그림을 아직 모르는 것이다. 그러한 결과 지금 일어나는 혁신을 우리는 서로 간에 크건 적건 간에 중첩되면서도 아주 다양한 용어로 부르고 있는 것이다. 좀 더 큰 컨셉에서 작은 컨셉으로 나열하면 만물인터넷(Internet of Everything), 사물인터넷(Internet of things), 인더스트리 4.0, 산업인터넷(Industrial internet), M2M(Machine to machine communication) 등 다양한 용어로 불리고 있다.

이와 같은 사정이니 소비자의 니즈 관점에서 보면 IoT 벤처들의 제품은 새로운 니즈의 발굴이 아닌 기존 제품에 IoT라는 컨셉의 마이너한 기능 개선이라는 측면이 크다. 하루가 멀다 하고 IoT 컨셉을 표방하며 조금씩 개선이 이루어지는 비슷한 컨셉의 제품을 다수의 고객이 구매하기는 쉽지 않다. 내일 또 다른 제품을 수집하는 수집가가 아니라면 말이다.

결국, 사물인터넷 시장은 혁신의 관점에서 완전한 밑그림이 그려져 있지 않고, 그 위에 그림을 그리는 벤처라면, 실패할 확률이 더더욱 높은 것이다. 그렇다고 벤처들이 초연결, AI, 빅데이터, Deep Learning 등 기술적 복잡성이 크게 증가된 산업의 변화를 일시에 바꾸어 놓기는 불가능하다. 이래서 몇 년 전 읽었던 실리콘밸리 뱅크(Silicon Valley Bank)의 IoT 보고서는 IoT 벤처가 닷컴 기업보다 수익성이 낮고, 인큐베이팅 기간이 길다고 한 것 같다.

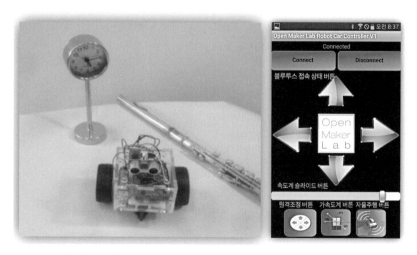

[그림 1-1] 필자가 개발한 아두이노 로봇카 큐브와 안드로이드 조종 앱

이러한 관점에서, 성급한 IoT 제품화의 리스크와 1차 양산으로 모든 에너지가 고갈되지 않는 보다 지속 가능한 분야에서 본격적인 사물인터넷 솔루션 출시를 고민하면서 최근 몇 년간 사물인터넷 플랫폼으로 확산되고 있는 아두이노에 기반한 IoT 교육에 집중하였다. 또한, 틈틈이 교육에 필요한 아두이노 DIY 로봇키트(그림 1-1)도 제작하였다. 이러한 스크리닝 과정을 거치면서 IoT 벤처에 성공 가능성이 높은 분야를 개념적으로 좁힐 수 있었다. IoT 하면 센서와 통신을 떠올리는데 이 분야는 장기 개발과 투자가 필요하므로 벤처가 하기는 어려운 영역이다. 그렇다면 이미 나와 있는 모듈들을 융합하여 새로운 디바이스를 만드는 IoT 디바이스 영역이 벤처들의 주요한 타겟이 될 수 있을 것이다. 하지만 단순한 앱이나 BLE 등의 표준화된 모듈을 통한 기능 향상은 위의 사례에서처럼 진입 장벽이 너무 낮아 지속 가능하지 않은 수익 모델이다. 센서와 통신 모듈을 사용하면서 독자적인 기술적 노하우를 쌓을 수 있는 영역은 로봇이었다. 또한, 이러한 실질적으로 제품화의 컨셉이 될 수 있는 개념은 사물인터넷의 영역에 포함될 수 있는 M2M 컨셉이다.

벤처 입장에서 드론과 로보틱스 분야는 [표 1-1]처럼 사물인터넷의 핵심 개념 중의 하나인 M2M(Machin-to-machine communication) 기능을 충실히 반영하면서도 다른 분야에 비해 잠재성이 크고 벤처들에 접근 가능한 오픈소스 생태계가 풍부하다. 또한, 로봇, 드론분야는 SW 제어 알고리즘의 중요성이 크고, 비행 및 운영에 관한 노하우가 중요한 역할을 한다. 이러한 분야는 단시간에 습득하기 어렵고 시행착오가 필요한 영역이다. 즉, 핵심 역량이 쌓이면 쉽게 모방하기 어려운 영역이다.

드론과 로봇은 M2M의 컨셉을 매우 탄탄하게 적용할 수 있는 영역이다.

다음 인용한 저서에 따르면 M2M과 IoT 관점에서 디바이스는 환경의 상태를 감지(sense)하고 실행(actuate)하는, 즉, 그 환경에서 업무를 수행하는 장치이다. 최근에 드론과 로봇은 점차 구조상에서나 기능상으로 융합되는 측면이 있다. 일례로 오픈소스 드론인 아두콥터(Arducopter)로 유명한 아두파일럿(ArduPilot) 플랫폼은 드론과 헬기, 비행기, 로버(자동차)를 함께 지원하고 있다. 드론에는 [표 1-1]에서 구분한 M2M의 모든 기능을 구성 요소로 가지고 있다.

출처 : Elsevier사, From Machine-to-Machine to Internet of Things(2014)

기능	특징
마이크로컨트롤러	8-, 16- 또는 32-비트 기억 및 저장 장치
파워소스	고정, 배터리, 에너지 하베스팅(Energy harvesting), 하이브리드
센서/액츄에이터	온보드 센서와 액츄에이터 또는 관련 회로
통신	셀룰러, 무선, 유선 LAN과 WAN 통신
운영 체계(OS)	메인 루프, 이벤트 기반, 실시간, 또는 풀피쳐드 OS
어플리케이션	단순 센서 샘플링 또는 좀 더 고급 어플리케이션
사용자 인터페이스	사용자의 상호작용을 위한 디스플레이, 버튼, 또는 다른 기능
장치관리 (DM)	권한 설정, 펌웨어, 부트스트래핑, 모니터링
실행 환경	어플리케이션 라이프사이클 관리, 어플리케이션 프로그래밍 인터페이스(API)

[표 1-1] M2M의 기능과 특징

[그림 1-2]는 저자의 회사에서 실내 연구용으로 판매하고 있는 PX4 기반 250 드론이다. 이 드론에는 드론의 두뇌와 같은 역할을 하는 비행 컨트롤러가 포함되어 있고 4개의 모터를 안정적으로 회전시키는 ESC(Electronic Speed Controller)가 포함되어 있다. 센서로는 비행 컨트롤러에 관성 측정 장치, 바로미터, 컴퍼스 같은 센서가 포함되어 있고, GPS와 카메라가 보조적인 센서로 네비게이션 및 비전 인식과 같은 미션에 맞게 추가되어 있다. 통신 방식은 2.4GHz 주파수로 드론 조종기와 통신을 한다. 또한, 세컨트 컴퓨터로 라즈베리파이 3를 사용하여 wifi를 통해서 PC로 드론의 제어가 가능하다. 전원으로는 리튬 폴리머 배터리를 사용하고 있고 전원 분배 장치가 구현되어 12V와 5V전원을 안정적으로 공급하고 실시간으로 잔여 전원의 양을 감지하여 보내준다. 액츄에이터는 브러시리스 모터로 4개의 모터가 싱크되어 비행 컨트롤러의 신호를 받아 안정적으로 회전 속도가 제어되도록 별도의 컨트롤러(ESC)를 사용한다. 또한, GCS(Ground Control System) 프로그램을 통해서 드론의 비행 펌웨어를 업로드 및 신규 버전을 업그레이드할 수 있는 등 장치관리 및 실행 환경을 프로그램상으로 관리할 수 있게 플랫폼화 되어 있다. 최근에는 단순한 조종기의 조작뿐만 아니라, 스마트폰으로도 드론의 켈리브레이션, 조종이 가능하게 다양한 인터페이스가 제공되고 있다.

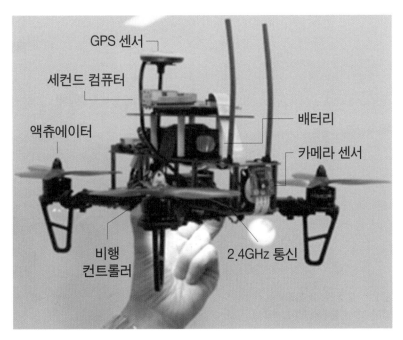

[그림 1-2] M2M 관점에서의 드론의 구조: PX4 기반 연구용 드론

이와 같이 드론은 사물인터넷의 가장 핵심적 개념인 M2M의 거의 모든 기능과 구성 요소를 갖고 있다. 최근에는 로봇도 사실상 동일한 구조로 발전하고 있다. 과거 산업용 로봇에는 센서들이 제한되어 있어 프로그램한 대로 반복하는 형태의 로봇이 대다수였다. 즉, 거리, 촉감 센서들을 활용하여 반복 작업을 하는 것이다. 최근 미국의 DARPA와 같은 이벤트에서 알 수 있듯이 직립 로봇들의 개발이 활성화되면서, 단순히 거리, 촉감들을 기계적으로 인식하는 수준에서 드론처럼 자이로/가속도계가 포함된 관성 측정 장치, 인간의 눈과 같은 카메라 센서 등 다양한 센서들이 포함되어 활용되고 있다. [그림 1-3]에서 예시한 교육용 로봇카 큐브도 M2M 컨셉과 정확히 일치하는 구조를 갖고 있다.

이런 관점에서 본다면 드론은 로봇과 함께 사물인터넷을 가장 잘 구현해 내는 디바이스라고 볼 수 있다. 반면, BLE(Bluetooth Low Energy)와 같은 통신 모듈을 부분적으로 적용한 사물인터넷 제품들은 사물인터넷이 제시하는 미래상과는 다소 거리가 있다고 생각한다. 사물인터넷이라는 현상에 대한 부분적 적용이고 불완전한 반영인 것이다.

드론은 사물인터넷의 큰 현상을 M2M이라는 개념으로 볼 때 온전히 적용하였다고 볼 수 있다. 이러한 점은 과거 몇 년 전만 해도 상상할 수 없었던 드론의 응용 분야를 보면 알 수 있다. 최근 드론은 항공 촬영, 드론 레이싱을 뛰어넘어 측량, 구조, 유통, 군집비행 등에서 새로운 미래로 인정받고 있고, 심지어 공상과학영화에서나 볼 수 있었던 1인용 비행체의 컨셉 제품이 나오고 있는 중이다.

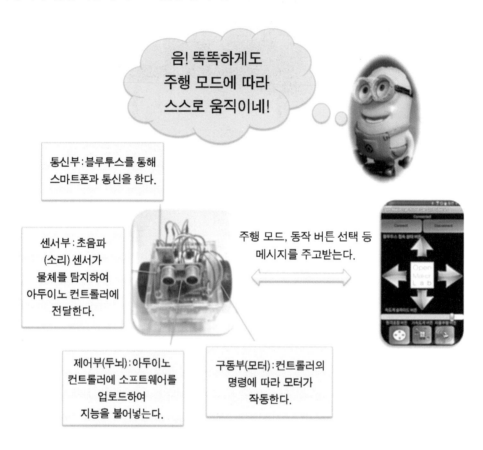

[그림 1-3] IoT M2M 컨셉을 반영한 DIY 로봇카

이와 같이 드론은 사회를 바꾸어 놓을 유망한 사물인터넷 영역이다. 또한, 사물인터넷의 모든 구성 요소들이 하나의 디바이스에 집약되고 융합되는 영역이어서 하나의 업체가 모든 영역을 다 개발할 수 없는 영역이기도 하다. 이러한 이유로 멀티위(MultiWii), 아두파일럿(ArduPilot), 사이몬 K(SimonK) 등 오픈소스가 그 어느 분야보다도 큰 영향을 미치는 분야이기도 하다. 드론 업계의 리더인 DJI, 3D로보틱스, 인텔도 혼자 독불장군처

럼 개발할 수 없는 영역이 이 분야인 것이다. 여기에 사물인터넷 기업의 기회가 있다. 아두이노, 라즈베리파이와 같은 IoT 플랫폼에 경험이 있고, 스케치, C++, 파이썬과 같은 오픈소스 영역에서 많이 사용하는 프로그래밍에 유능하다면 드론은 도전할 만한 영역이다. 또한, 드론의 핵심 영역인 비행 코드와 운영 알고리즘은 습득하는 데 상당한 노하우가 필요한 영역이므로 장기적으로 노하우를 쌓는다면 쉽게 모방하기 어려운 지속 가능한 비즈니스 영역을 확보할 수 있을 것이다.

PART 02

드론의
구조와 원리

PART 2
드론의 구조와 원리

　이번에는 본격적으로 드론에 대하여 알아보는 첫 단추로 드론의 구조 및 원리에 대하여 알아보겠다. 드론을 한 번쯤 DIY 해보았던 마니아라면 드론의 구조와 원리에 대하여 좀 더 알아보고 싶어진다. 그 이유는 이런저런 부품들을 구매하여 드론을 조립한 후 특별한 실수가 없다면 신기하게도 첫 비행에 쉽게 성공할 수 있다. 하지만 조금만 변화를 주고자 한다면 곧 벽에 부딪히게 된다. 가장 일반적인 부품인 모터와 프로펠러 하나만 바꾸어도 전체 드론에 미치는 영향이 중대할 수 있으므로, 드론의 동작 원리와 전반적인 드론의 구조에 대한 이해는 본인만의 드론 제작을 하려고 한다면, 또는 연구 등 특정한 목적으로 드론을 제작하고자 한다면 필수 과정이라고 할 수 있다. 이러한 관계로 필자가 블로그에 작성한 '드론의 구조와 원리'에 대한 글은 약 9천 건 이상의 세션과 구글 검색 시 상단에 검색되는 영광을 누리고 있다. 이제 드론에 대한 본격적인 여행을 시작하자!

2.1　드론의 형태

　드론을 생각하면 보통 프로펠러가 4개 달린 멀티로터(Multi-rotor), 즉 쿼드콥터(Quadcopter)만을 생각하는데 가장 일반적인 비행기 형태부터 헬기, 멀티로터 등 형태만 해도 다양하고, 크기도 곤충 크기부터 최근에는 사람이 타는 작은 헬기 규모의 드론 등 크기도 각양각색이다.

2.1.1 날개 유형에 따른 구분

　통상, 비행기처럼 고정된 날개를 갖는 드론을 고정익(Fixed Wing)으로 분류하고, 헬기처럼 회전하는 날개를 갖는 경우 회전익(Rotor)이라고 한다. 그리고 회전익 중에서 하나의 날개를 갖는 경우 헬리콥터라고 하고, 여러 개의 날개를 갖는 경우 멀티로터(Multi-rotor)라고 분류한다.

형태 구분	설명	예시
고정익(Fixed Wing)	비행기처럼 고정된 날개를 갖는다.	비행기
회전익(Rotor)	헬리콥터처럼 회전하는 날개를 갖는다. 여러 개의 회전 날개를 갖는 경우 멀티로터(Multi-rotor)라고 한다.	헬리콥터, 쿼드콥터 등 멀티로터

[그림 2-1] 고정익(프랑스의 Parrot사)과 회전익(OpenMakerDrone QAV650 쿼드콥터)

2.1.2 날개 사이즈에 따른 구분

드론의 사이즈 구분은 앞-왼쪽 모터의 센터부터 뒤-오른쪽 모터까지의 거리로 구분한다. 사이즈에 따라 대략의 사용 용도가 구분될 수 있다.

사이즈	용도
650급 ~	전문적인 촬영 및 산업용 미션 수행에 사용되는 산업용 드론이다.
450급 ~	레이싱 드론의 대중화 이전에 가장 대중적인 드론이었다. 촬영용에 많이 사용된다.
250급 ~	가장 대중적 사이즈이며 레이싱 드론에 많이 사용된다.
200급~	미니 드론으로 분류. 레이싱용 및 토이용으로 많이 사용된다.
100급 ~	나노 드론으로 분류. 토이용으로 많이 사용된다.

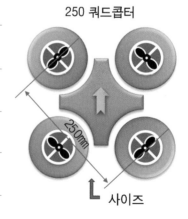

250 쿼드콥터

250mm

사이즈

가장 대중적인 사이즈의 드론은 250 쿼드콥터, 450 쿼드콥터일 것이다. 여기서 250은 드론의 앞-왼쪽 모터의 센터부터 뒤-오른쪽 모터까지의 거리이다. 100급 이하를 통상 나노, 200급 이하를 미니로 부른다. 250, 450급이 가장 대중적인 사이즈다. 650급 이상은 대형으로 전문적 촬영이나 물체의 이송 등에 사용된다. 과거 450급이 가장 대중적이었으나 최근에는 250 레이싱 드론이 가장 인기 있는 사이즈가 됐다.

드론에서 멀티로터가 가장 인기를 끄는 이유는 기존의 RC 비행기와 다르게 안정적으로 호버링을 수행하면서 다양한 미션(예, 항공 촬영 등)을 수행할 수 있는 구조에 기인한 것 같다. 기존 취미용 RC 비행기나, RC 헬기는 기체의 이착륙 등 모든 조정이 수동(Acro) 방식으로 이루어진다. 하지만 쿼드콥터와 같은 멀티로터로 진화함에 따라 근본적으로 완전한 수동 조정은 불가능하게 된다. 일례로 모터가 4개인 쿼드콥터를 수동으로 조정하기 위해서는 송수신기로 각각의 모터의 회전 속도를 일정하게 조정해서 안정적으로 이륙을 시켜야 하는데, 손이 두 개이므로 4개의 모터 속도를 정밀하게 일치시키는 것은 거의 불가능하게 된다. 물론 손이 4개여도 가능하지 않다.

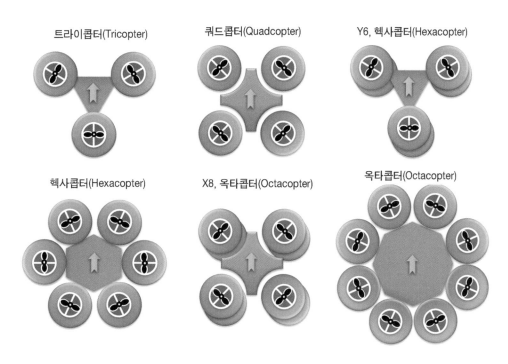

[그림 2-2] 회전익의 숫자에 따른 다양한 멀티로터 형태

최근에 개발된 쿼드콥터들은 물리학, 전자공학, 컴퓨터공학을 배경으로 발전된 비행 컨트롤러(Flight Controller, FC)를 기본으로 탑재한다. FC에는 관성 측정 장치(IMU)와 바로미터센서, CPU 등이 포함되어 있어, 쿼드콥터가 안정적으로 날 수 있도록 굉장히 빠른 속도로 센서에 기반하여 위치 및 자세를 제어한다. 이처럼 드론은 기존의 RC 비행기에서 손이 하던 역할을 컴퓨터가 대신하게 된다. 그러면 드론의 정의와 구조, 작동 원리에 대하여 좀 더 자세히 알아보겠다.

2.2 드론의 정의

필자는 드론을 역사적 정의와 군사 및 국제기구에서 사용되는 정의, 그리고 로보틱스 관점의 정의로 구분하였다.

2.2.1 드론의 역사적 정의

드론은 그라운드에서 또는 모 비행기에서 오퍼레이터에 의해서 조종될 때만 기능한다.

(1) 드론(Drone)의 사전적 의미

'꿀벌의 수컷'을 지칭하기도 하고, 동사로는 '윙윙거린다'라는 의미이다.

(2) 드론의 역사적 기원

2008년 미국의 군사역사가 스티븐 잘로가(Steven Zaloga)의 설명 : 1930년대 중반 미국 윌리암 스탠들리 장군이 영국 해군이 표적용으로 개발한 원격 조종비행기(Remote-controll-aircraft) DH 82B Queen Bee를 보고, 부하 장군에게 해군을 위해 유사한 것을 만들 것을 지시하자 이 부하 장군이 Queen Bee에 대한 존경의 표시로 드론(Drone)이라는 용어를 사용했다고 한다.

(3) 기능적 정의

미국 언어학자 벤 짐머(Ben Zimmer)의 〈월스트리트저널〉 기고문 : 드론이 그라운드에서 또는 모 비행기에서 오퍼레이터에 의해서 조종될때만 기능한다는 점에서(용어로서) 적합하다고 주장한다.

드론(Drone)은 사전적으로 '꿀벌의 수컷'을 지칭하기도 하고, 동사로는 '윙윙거린다'라는 의미로 쓰이기도 한다.

드론은 다양한 의미로 쓰이고 해석되고 있지만, 현재 의미의 기원은 〈월스트리트저널〉에 기고한 미국의 언어학자 벤 짐머(Ben Zimmer)의 기고문 '드론의 비행, 꿀벌부터 비행기까지(The Flight of 'Drone' From Bees to Planes)'에서 대략 파악할 수 있다. 짐머의 기고에 따르면, 2008년에《무인항공기(Unmanned Aerial Vehicles)》란 도서의 저자인 미국의 군사역사가 스티븐 잘로가(Steven Zaloga)가 미국방부 뉴스에 드론의 기원을 다음과 같이 설명하였다고 한다.

1930년대 중반 미국 윌리암 스탠들리 장군이 영국 해군이 표적용으로 개발한 원격 조종 비행기(Remote - controll - aircraft) DH 82B 퀸비(Queen Bee)를 보고, 부하 장군에게 해군을 위해 유사한 것을 만들 것을 지시하자 이 부하 장군이 Queen Bee에 대한 존경의 표시로 드론(Drone)이라는 용어를 사용했다고 한다.

또한 짐머는 이 용어가 드론이 그라운드에서 또는 모 비행기에서 오퍼레이터에 의해서 조종될 때만 기능한다는 점에서 적합하다고 주장한다.

2.2.2 드론의 군사적 · 국제기구의 정의

드론은 지상관제국(Ground Control System) 또는 무선 송수신기를 갖고 있는 조종사에 의해서 원격으로 조종될 뿐만 아니라, 탑재된 컴퓨터에 의해 완전히 또는 간헐적으로 자율적으로 제어될 수 있다.

(1) UAV(Unmanned Aerial Vehicles) or UAS(Unmanned Aircraft System)

인간 파일럿이 탑승하지 않은 항공기, UAV의 비행은 다양한 자율성의 정도를 갖고 운영될 수 있다. 즉, 인간 오퍼레이터에 의해 원격제어되거나 또는 탑재된 컴퓨터에 의해 완전히 또는 간헐적으로 자율적으로 제어될 수 있다. [출처: Wikipedia]

(2) RPAS(Remotely Piloted Aerial Systems)

항공기 자체에 파일럿이 탑승하지 않고 원격지에서 비행하는 항공기, ICAO(국제민간항공기구) 정의에 의하면 RPAS는 기능상에서 비자율적인 UAS의 한 형태이다. 즉, 항공기는 비행의 모든 단계에서 파일럿이 원격으로 조종한다. [출처: CASA(호주항공안전본부)]

이러한 개념이 확장되어 드론은 지상관제국(Ground Control System)이든 무선 송수신기를 갖고 있는 조종사에 의해서든 원격으로 조종되어야 한다(remote-controlled)는 정의의 한 축이 생겨난다. 군사용으로 많이 쓰이는 UAV(Unmanned Aerial Vehicles), RPAS(Remotely Piloted Aerial Systems)라는 용어와 맥락이 일치하는 것이다.

2.2.3 드론의 로보틱스(Robotics) 관점의 정의

드론이 원격으로 조정되기도 하지만 컴퓨터 프로그래밍 또는 알고리즘에 의해 자율 비행이 가능해야 할 뿐만 아니라, 자율 비행체로서 구체적으로 센서를 활용하여, 행동 패러다임에 기반한 문제 해결 방식을 통해서 고도 유지 및 안정적 비행, 목적지 네비게이션 기능을 갖고 물체를 다룬다.

(1) UAV 또는 AFV

자율 비행체(UAV)에 대하여 기술된 제어 시스템 아키텍처에 따르면, 비행체는 … 센서들을 갖고 있고…, 제어 시스템은 이들 센서들을 이용하여 공중에서 고도를 유지하고, 안정적으로 비행하고, 목표 지점으로 항해하고 물체를 다룬다. 전반적인 문제에 대한 접근법은 행동 패러다임에 기반한다. [출처: 남가주대(Universityof Southern California)]

위에서 설명한 드론의 역사적 · 군사적 국제기구의 정의는 최근에 드론이 원격으로 조정되기도 하지만 컴퓨터 프로그래밍 또는 알고리즘에 의해 자율 비행이 가능한 점을 강조하지 못하는 측면이 있다. 오픈소스인 아두이노에서 성장한 세계 최대의 드론 개발자 커뮤니티인 드론코드(DroneCode)에서 사용하는 UAV(Unmanned Autonomous Vehicles) 또는 AFV(Autonomous Flying Vehicle)라는 용어는 자율 비행체로서 드론의 관점을 명확히 보여 주고 있는 것 같다. 드론 코드는 자신들의 UAV 플랫폼인 APM 콥터(Copter)를 설명하면서 다양한 헬리콥터, 멀티로터들을 자율적으로 비행하는 이동체로 전환시켜 준다는 점을 강조하고있다. 즉, APM 플랫폼은 멀티로터들이 사전에 프로그래밍한 대로 GPS 경로 비행, 자동 착륙, RTL(출발지 회기) 등의 미션을 자율적으로 할 수 있게 되어 진정한 의미의 드론이라 할 수 있다.

최근 드론 구분의 중심적인 역할을 하는 '원격 조종', '컴퓨터 프로그램에 의한 자율 비행' 개념도 다소 흔들리는 듯하다. 일례로 2016년 CES에서 선보인 중국의 유인 드론 이항 184(EHANG)는 사람이 땅에서 원격으로 조정한다는 기존의 드론 개념에 도전하고 있으니, 여전히 드론의 용어 정립은 진행 중이라 할 수 있다.

출처: http://www.ehang.com/

[그림 2-3] 중국 드론 업체 EHANG의 1인용 탑승 드론인 EHANG 184

2.3 드론의 구조

드론의 구조는 최근 드론의 자율 미션을 보다 다양하게 적용할 수 있는 날개가 4개인 쿼드콥터를 중심으로 설명하겠다. 사실 비행기와 같은 고정익보다 회전익은 공중에 떠서 항공촬영을 한다든가, 농약 살포를 한다든가 안정적 임무 수행에 유리한 점이 많아서 최근 더 부각되는 듯하다.

[그림 2-4]는 쿼드콥터의 단순화된 구조를 보여 준다. 몸체를 중심으로 몸체의 중심부에 비행 컨트롤러가 위치하고, X자형 몸체의 끝에 4개의 프로펠러가 위치하고 있다.

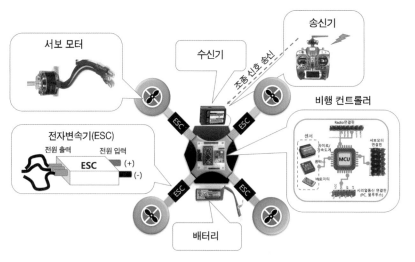

[그림 2-4] 쿼드콥터의 단순화한 구조

2.3.1 UAV(Unmanned Aerial Vehicle) 설명에 기반한 드론의 구조

드론의 기본 구조는 사물인터넷(IoT)의 설명에 많이 인용되는 M2M 개념과 유사하다. M2M의 주요 구성 요소는 제어부, 센서부, 액츄에이터, 통신부로 구성되어 있는데 드론도 유사한 구조이다.

[그림 2-5]는 위키피디아의 UAV(Unmanned Aerial Vehicle)에 대한 설명에서 가져 왔고 일부 명칭을 변경하였다. 최근에는 드론의 개념이 무인 항공체(UAV)의 관점에서 무인 항공 시스템(UAS)으로 비행체 중심에서 지상관제국, 무선 송수신 시스템을 포괄하는 전체 시스템으로 개념이 확장되고 있다.

이 그림에서 살펴보면 알 수 있듯이 드론의 기본 구조는 사물인터넷(IoT)의 설명에 많

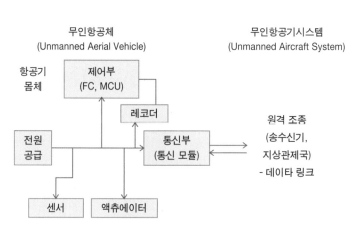

[그림 2-5] UAV 관점의 드론의 구조와 UAS로의 확장

이 인용되는 M2M(Machine to Machine Communication)과 흡사하다 할 수 있다. M2M의 주요 구성 요소는 제어부, 센서부, 액츄에이터, 통신부로 이루어져 있는데 드론도 사실상 동일한 구조이다. 물론 이러한 구조는 드론만 갖는 것은 아니고, 자율 주행 로봇자동차도 동일한 구성 요소를 갖는다. 이러한 점을 간파하고, 드론코드(Drone Code)를 탄생시킨 아두파일럿 커뮤니티는 무인 자율 이동체(Unmanned Autonomous Vehicles)라는 용어를 사용한다. 이 커뮤니티에서 개발된 APM 보드는 드론이나 자율 주행 자동차에 함께 사용할 수 있는 컨트롤러이다.

이러한 관점에서 본다면 최근 사물인터넷의 사례로 인터넷 냉장고, 트위터 하는 세탁기, 전력 모니터링 컨넥터 등 다양하게 언급되고 있는데, 진정한 사물인터넷 강자는 드론이 아닌가 생각한다.

아래는 [그림 2-5]에서 설명한 드론의 구조를 세부 구성 요소별로 설명하였다.

(1) 제어부

드론의 심장으로 일반적으로 비행 컨트롤러(FC, Flight Controller) 또는 마이크로 컨트롤러 유닛(MCU, Micro Controller Unit)으로 불린다. 통신 모듈로부터 전달된 신호를 기반으로 서보모터를 제어하고, 가속도계/자이로스코프 센서를 포함하는 관성 측정 장치(IMU), 바로미터, 컴파스/지자계 등의 센서 데이터를 기반으로 안정적인 비행이 가능하도록 매우 빠른 연산을 수행하여 서보모터를 제어한다.

최근에는 GPS 데이터을 사용하여 사전에 입력된 지리 정보에 기반하여 운항하는 GPS 네비게이션이 추가되고, 영상 및 소리 센서들을 활용한 충돌 회피 기능들이 추가되면서 제어부 MCU의 파워가 크게 증가하고 있다.

일례로, 4~5년 전 오픈소스 멀티위 플랫폼의 아두이노 프로미니 MCU에 기반한 비행 컨트롤러는 8bit 16Mhz로 동작되었고, 아두이노 메가에 기반한 APM 보드도 8bit 16Mhz로 작동하였다. 하지만 최근에 판매되는 아두파일럿(ArduPilot)의 대표 비행 컨트롤러인 PixHawk(3DR 판매)는 훨씬 강력해진 32bit 168 MHz로 동작되는 ST 마이크로사의 ARM Cortex M4 칩을 사용한다. 현재, 오픈소스 드론 플랫폼으로 가장 핫한 PX4를 채용한 컨트롤러 중에는 64bit Quad-core 2.26 GHz로 작동하는 퀄컴의 스냅드래곤 SOC(System on Chip) 기반 보드도 있다. 취미용 레이싱 드론으로 많이 사용되는 Naze(Baseflight 플랫폼)와 CC3D(Cleanflight 플랫폼)는 모두 32bit 72Mhz 로 동작되는 ST 마이크로사의 ARM Cortex M3 CPU를 사용한다.

(2) 센서부

드론 발전의 역사는 드론에 적용되는 센서의 종류를 빼놓고 논의할 수 없을 것이다. 센서는 드론이 안정적인 비행을 할 수 있게 드론의 비행 속도·각도, 좌표, 위치 데이터 등을 실시간으로 MCU에 제공한다. 이를 위해 가속도계, 각속도계, 바로미터를 기본적으로 사용하고 있고, 최근 비행 미션의 발전에 따라 GPS, Optical Flow, 카메라 센서 등 새로운 센서들의 적용이 늘어나고 있다.

일반적인 쿼드콥터는 MPU6050과 같은 가속도계(Accelerometer)와 각속도계(Gyroscope)가 결합된 6축(6DOF) 관성 측정 장치(IMU) 센서를 기본으로 탑재하고 있고, IMU만으로도 안정적인 매뉴얼 조종이 가능하다. 하지만 새로운 기능들이 추가됨으로써 다양한 센서들이 추가되고 있다. 일례로 절대 고도를 유지하기 위해 기압계(Barometer, 기압을 고도로 바꾸어 준다)가 사용되고, GPS를 활용한 경로 비행을 위해 GPS와 컴파스·지자계 센서들이 추가되었다. 최근에는 저고도에서의 정확한 고도 유지와 포지션 홀드 기능을 위해 초음파 센서, 옵티컬 플로우(Optical Flow) 센서, LiDar 레이저 센서 등이 사용되고 있고, 또한, 충돌 회피를 위한 카메라 센서 기반 SLAM(SImultaneous Localization and Mapping) 알고리즘들이 활발히 연구되고 있다.

(3) 액츄에이터

드론에서는 모터의 추진력을 얻기 위해 브러시리스 모터와 전자 변속기(ESC, Electronic Speed Controller)를 사용한다. 드론에서는 상대적으로 파워(토크)가 크고, 효율적이고 가벼운 브러시리스(Brushless)모터를 주로 사용한다. ESC는 센서에서 보내온 데이터를 기반으로 MCU가 보내온 신호대로 모터를 회전시켜 프로펠러를 통해 추진력을 발생시키는 역할을 한다.

브러시리스 모터는 외부 코일이 회전하는 아웃러너(Outrunner) 타입으로 브러시모터보다 힘이 좋으며, 모터 내에서 전류가 공급되는 접촉면인 브러시와 커뮤테이터가 없어 수명이 오래가고 발열도 적다. 또한, 토크가 크므로 별도의 기어 박스가 필요없어 무개를 절약할 수 있다. 빠른 제어에 필요한 큰 토크, 작은 무게, 높은 효율, 긴수명 등의 이유로 마이크로, 또는 나노 사이즈의 드론을 제외하고는 대다수 드론이 브러시리스 모터를 사용한다.

MCU는 모터가 충분한 추진력을 발생시킬 정도의 파워를 전달하게 설계되어 있지 않고, 단지 어느 정도의 파워를 발생시키라는 신호(PWM 형태)를 전자 변속기에 보내준다. ESC는 MCU에서 전달된 신호에 따라 모터가 충분한 회전 속도에 필요한 파워를 제공한다. 3.7v 리포배터리를 사용하는 초소형 쿼드콥터는 ESC를 사용하지 않는 경우도 있지만, 250급 쿼드는 주로 11.1v,10~12A 규격의 ESC를 많이 사용하고 450급 정도의 쿼드는 11.1v이나 14.8v, 20A 정도의 ESC를 사용한다.

(4) 통신부

통신부는 조종용 RC 송수신기만을 생각할 수 있으나 외부 센서들의 증가 및 운영 모드의 증가로 다양한 통신 방식이 사용되고 있다. 무선 조종과 비디오 텔레메트리 송수신에는 주로 2.4GHz, 5.8GHz 무선통신이 사용되고, 드론 FC 내에서는 외부 센서와의 통신은 주로 I2C 통신이나 시리얼 통신을 사용한다. 최근 FPV 영상 수신이나 드론과 지상 관제 시스템(Ground Control System)과의 텔레메트리에는 Wifi나 블루투스도 많이 사용된다.

먼저 송수신기는 조종자의 의도를 직접적으로 컨트롤러에 전달해 주는 통신 장치로 PPM 방식의 2.4GHz 송수신기가 주로 사용된다. GPS, 초음파 센서 등 외부 센서들과 컨트롤러 간의 통신을 위해서는 주로 시리얼 통신이나 I2C 통신을 사용한다.

최근에 개발된 주요 드론들은 드론의 펌웨어 설치, 켈리브레이션, 테스트, 운영 모드 설정, 비행 상태 정보 제공, 하드웨어 추가 등을 종합적으로 관리해 주는 GCS(Ground Control System) 또는 Cockpit(비행기 조종석) 계기판 형태의 드론 플랫폼(예, Mission Planner)을 제공하는 것이 일반적이다. 아두파일럿(ArduPilot)의 미션 플래너(Mission Planner)를 예를 들면, GCS와 드론은 다양한 센서 정보 및 데이터를 Mavlink 프로토콜을 통해서 USB 시리얼 방식으로 통신하고, 실외에서 무선통신 방식으로는 블루투스, 지그비 등을 사용하기도 한다. 비행 중 드론 상태 데이터 수신을 위해서는 별도의 텔레메트리 송수신기를 통해서 GCS에 비행 데이터를 보여주기도 한다. 외부 센서들은 메인컨트롤러의 데이터처리 용량의 한계로 아두이노, 라즈베리 파이, 에디슨 보드와 같은 별도의 보드를 사용하기도 하는데, 이러한 레퍼런스 시스템과 메인 CPU와의 통신은 시리얼 통신이나 I2C 통신 등을 많이 활용한다.

(5) 전원부

배터리의 전원은 별다른 정류 과정이 없이 ESC를 통해서 서보모터에 공급되고, ESC는 공급받은 전원의 일부를 비행 컨트롤러나 센서에서 사용할 수 있도록 일종의 전압 레귤레이터인 UBEC(Universal battery eliminate circuit)에서 컨트롤러의 사용전압으로 정류해 준다(통상 5V로 정류).

사실 많은 사람이 간과하는데, 배터리를 포함한 전원부는 드론의 성장에 매우 중요한 부분이었고, 드론이 복잡해지면서 신경을 써야 할 부분이다. 그 이유는 4개의 엔진이 달린 쿼드콥터를 상상해 보면 알 것이다. 드론에서 많이 사용되는 리포배터리(Lithium polymer battery)는 상대적으로 가볍고, 거의 모든 사이즈와 형태로 변형이 가능할 뿐만 아니라 사이즈에 비해 대용량을 저장할 수 있으며, 다른 배터리에 비하여 순간적으로 힘을 쏟는 방출량(discharge rate)이 높아 어떤 모터에도 사용할 수 있다. 엔진으로는 불가능했던 작고 기민한 드론의 탄생이 가능하게 하였지만 리포 배터리가 현재는 드론의 짧은 비행 시간이라는 한계를 제공하는 원인이다.

소형 간단한 비행 모드만을 제공하는 드론에는 이 UBEC을 통해서 비행 컨트롤러에 전원을 공급하는 것으로 충분하지만, 제공되는 전압에 민감한 다양한 센서를 사용하는 경우 별도의 파워 모듈을 사용하기도 한다. 그 이유는 서보모터의 과도한 전류사용이 ESC에 붙어 있는 UBEC의 정류 안정성에 영향을 미칠 수 있기 때문이다. GPS, 옵티컬 플로우(Optical FLow) 등 다양한 센서와 FPV 카메라 텔레메트리, 데이터 처리용 MCU 등이 추가된다면 사용되는 전압의 상이, 전기에 의한 간섭의 문제, 일부 센서들의 과도한 전류 사용으로 전원 공급 배전반과 배터리의 배치를 신중하게 재설계해야 할 필요성도 생긴다.

2.4 드론의 작동 원리

드론의 구조에 대하여 어느 정도 파악했으면, 이제 드론의 작동 원리를 살펴보자.

2.4.1 항공기의 3축 운동의 이해와 용어 설명

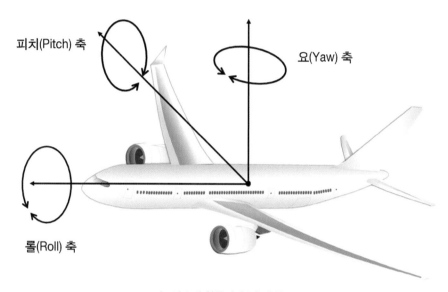

피치(Pitch) 축

요(Yaw) 축

롤(Roll) 축

[그림 2-6] 항공기의 3축 운동

드론의 작동 원리에 앞서 [그림 2-6]처럼 간단한 항공기 3축 운동에 대해 이해할 필요가 있다. 원격 조정 비행기 표적을 만든 것이 드론의 역사적 기원이었듯이 드론의 이해를 위해 항공기에서 사용되는 용어를 사용하는 것은 자연스럽다.

드론의 조종 용어로는 스로틀(Throttle), 요(Yaw), 피치(Pitch), 롤(Roll)이 사용된다. 비행기는 요를 러더(Rudder), 피치를 엘리베이터(Elevator), 롤을 에일러온(Aileron)으로 표기한다. [그림 2-6]처럼 요는 비행기의 수평 회전을 의미하고, 피치는 전후 이동을 의미하며, 롤은 좌우 이동을 의미한다. 스로틀은 추진력으로 기체의 상승 하강을 의미한다.

드론(헬기)과 비행기에 사용하는 용어가 다소 차이가 있지만 혼재되어 사용되는 경우가 많으므로 아래 표로 정리하였다.

헬리콥터(드론)	비행기	용어의 의미
스로틀(Throttle)	스로틀(Throttle)	추진력, 기체의 상승 하강
요(Yaw)	러더(Rudder)	기체의 수평 회전
피치(Pitch)	엘리베이터(Elevator)	기체의 전후 이동
롤(Roll)	에일러론(Aileron)	기체의 좌우 이동

2.4.2 비행 컨트롤러(FC)의 역할

비행 컨트롤러는 드론의 두뇌 역할을 한다. 센서로 받은 데이터를 사용하여 안정적인 자세를 유지하면서 목표하는 곳으로 비행할 수 있도록 지속적으로 연산을 수행하여 모터의 회전 속도를 변화시키도록 ESC에 시그널을 보낸다.

[그림 2-7]의 사례에서 라디오 송신기를 통해 드론을 조종하는 알고리즘을 설명하면 아래 순서와 같이 단순화하여 보여 줄 수 있다.

① 드론이 현재 날고 있는 좌표 및 속도를 파악한다.
② RC 조종기를 통해 미래의 좌표 및 속도 값을 받으면 현재의 좌표 및 속도 값과 비교하여 오차를 계산한다.
③ 오차를 줄이기 위해 서보모터를 구동한다.
④ 위의 순서를 반복한다.

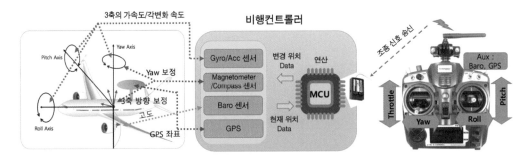

[그림 2-7] 비행 컨트롤러의 역할

그러면 각 센서들이 드론의 비행에 어떤 역할을 하는지 알아보자.

드론에서 일반적으로 많이 사용되는 MPU6050 같은 관성 측정 장치 센서(IMU)에는 가속도계(Accelerometer)와 각속도계(Gyroscope)가 MEMS 센서 형태로 포함되어 있다. 가속도계와 각속도계는 각각 3축(X, Y, Z)의 형태로 벡터값을 측정해 주므로 6축 (6DOF) 센서가 된다.

가속도계는 X, Y, Z축의 현재 중력의 가속도를 측정한다. 가속도계는 MEMS의 특성상 진동이나 충격에 민감하지만 오차가 누적되지는 않는다. 각속도계는 X, Y, Z축의 각속도 변화를 측정한다. 이 각속도는 적분을 통해 각도로 계산을 해준다. 하지만 적분 시 에러가 증가되고 오차가 누적되는 단점이 있다. 이 두 센서의 값을 합쳐서 오차를 줄이기 위해 칼만필터(Kalman filter), 상보필터(Complementary filter) 같은 물리학 개념을 적용한다. 하지만 이러한 필터로도 한계가 있다.

각속도계는 달리는 자동차에 비유하면, 중력을 기준으로 차가 앞으로 또는 뒤로 (Pitch), 좌로 또는 우로(Roll) 기우는 각도를 측정하는데, Z축 방향 회전(Yaw)은 중력을 기준으로 측정을 할 수가 없다. 즉, 좌우로 회전하여도 중력은 변화가 없다. 이러한 문제로, 회전값(Yaw)은 각속도계에 의존하게 되지만 누적 오차가 생기는 문제가 발생한다. 이러한 오차를 보정해 주기 위해서 추가로 필요한 센서가 지자계/컴퍼스 (Magnetometer/compass)이다. 지자계는 최근 GPS를 활용한 내비게이션 자율 비행과 기체 이상 시(FailSafe) 출발지 회기(Return to home) 기능을 고려하면 매우 중요하고 기본적인 센서로 사용되고 있다.

바로미터는 고도에 따른 기압 차를 높이로 환산하여 절대적인 고도 유지(Altitude hold)에 필요한 센서이다. 가속도계의 Z값은 노이즈가 많이 발생하고, GPS의 고도 오차는 20~30m에 달해 변동 폭이 크다. 이러한 관계로 최근 드론에는 정밀도가 높은 MS 5611과 같은 바로미터 센서를 사용하고, 가속도계 값을 칼만필터와 같은 알고리즘과 결합하여 정확한 값을 얻는다. 좀 더 부연 설명하면 MS5611은 BMP085에 비해서 정밀도가 뛰어난 반면에 노이즈가 많아서 몇 초간 평균을 내야 정확한 값을 알 수 있으므로, 기체의 흐름(Drift)를 유발할 수 있다. 이를 보완하기 위해 가속도계의 값을 보완적으로 사용한다.

이제 드론의 MCU가 비행 중인 자신의 위치값을 정밀히 알았다면, 조종사의 명령에 따른 정확한 비행을 할것이다. 일례로 조종사가 라디오 송신기의 피치 스틱을 앞으로 이동시키면 송수신기를 통해서 앞으로 전진하라는 신호를 MCU에 보낼 것이고, MCU는 사전에 튜닝된 PID값에 따라 앞으로 비행해야 할 위치와 현재의 위치를 계산하고, MCU를 통해서 전진해야 할 거리를 비행하기에 충분한 추진력을 내도록 ESC에 명령한다.

2.5 드론의 제어 원리

드론은 안정적으로 비행하기 위해 센서값에 기반하여 모터를 효과적으로 제어하기 위해 산업 현장에서 많이 사용되고 있는 PID 제어 원리를 사용한다. 많은 드론은 PID 값을 변화시켜서 민첩성, 안정성 등의 비행 성능을 향상시킨다. PID (proportional - integral - derivative)는 입력값을 조정함으로써 실제 값이 바라는 값에 좀 더 가까와지도록 하는 폐루프 제어계(closed - loop control system)이다.

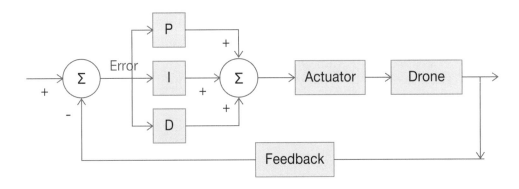

[그림 2-8] 폐루프 제어계의 작동 원리

* 폐루프 제어계(closed - loop control system) : 자동 제어계로서, 순방향로, 피드백로, 그리고 가산점에서 형성된 폐루프를 가지고 있으며, 제어되는 양이 측정되어 그 일부가 피드백되고, 이것이 가산점에서 소망하는 동작을 부여하는 기준값과 비교되어 그 편차에 의해 순방향로의 제어 대상에 수정 작용을 하여 편차를 최소가 되도록 구성된 것을 이른다.

출처: [네이버 지식백과] 폐루프 제어계 (전기용어사전, 2011. 1. 10. 일진사)

[그림 2-9]는 P.I.D 제어 원리를 활용한 쿼드콥터의 제어 원리를 설명한다.

① P : 현재의 에러에 의존

② I : 과거 에러의 누적에 의존

③ D : 현재의 변화율에 기반한 미래 에러의 예측

출처 : https://oscarliang.com/
quadcopter-pid-explained-tuning/

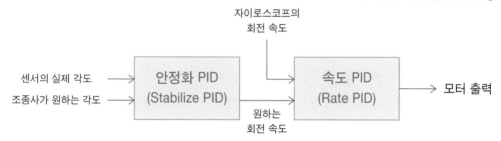

[그림 2-9] 축별로 PID가 작동하는 구조

쿼드콥터의 제어를 위해서 먼저 쿼드콥터 센서의 현재 출력값을 측정할 필요가 있다 (예, 쿼드콥터가 각각의 축에 대하여 어떤 각도를 갖고 있는가). 미래에 쿼드콥터가 있어야 할 바람직한 각도를 안다면 에러를 추정할 수 있다. 그리고 그 에러에 PID라는 3개의 제어 알고리즘을 적용하여 모터가 에러를 수정하도록 한 다음 출력값을 가질 수 있다. 이들 3개의 제어 알고리즘은 비행체의 비행 특성에 영향을 미친다.

드론 조종자는 PID라는 3개의 파라미터를 갖고 다른 상황에서 쿼드콥터의 안정성을 조정할 수 있다. 이들이 바로 3개의 알고리즘에 대한 계수(coefficient)이다. 이 계수들은 일반적으로 각 알고리즘의 출력에 대한 중요성과 영향력을 변화시킨다.

멀티로터에는 3축이 있고 각각의 축에는 하나의 PID 컨트롤러가 있다. 즉, 각 축에는 하나의 독립된 집합(Pitch, Roll, Yaw)의 PID 계수를 갖는다.

PID 값의 변경이 쿼드콥어의 행동에 미치는 영향을 정리하면 아래와 같다.

① 비례 게인 계수(Proportional Gain coefficient)

 - 쿼드콥터는 P값만으로도 비행 가능

 - P 계수는 인간의 조종 또는 자이로스코프의 센서 측정값에서 무엇이 더 중요한지 결정

- P 계수가 더 높을수록 더 민감하고 강하게 각 변화(Angular change)에 반응
- P 계수가 너무 낮으면 더 둔하고 부드럽게 보이고, 안정적으로 머물러 있기가 더 어려움
- P 계수가 너무 높으면 진동(Oscillation)이 발생하고 과도하게 보정을 함

② 미분 게인 계수(Integral Gain coefficient)

- I 계수는 각 위치(Angular position)의 정밀도에 영향을 줌(특히 바람 부는 상황에서 유용)
- 낮은 I 게인 값은 쿼드콥터가 바람에 떠밀려 가게 함
- I 값이 너무 높으면, 반응이 늦어지고, P 게인의 영향을 감소시킴
- I 값이 높으면 높은 P 게인처럼 요동치기 시작(P의 요동과 달리 저주파 소음을 냄)

③ 적분 게인 계수(Derivative Gain coefficient)

- D 계수는 완충 장치의 역할을 하고 P값에 의한 과도한 보정과 지나침을 감소시킴

위의 PID 계수의 특성을 반영하여 곡예비행과 부드러운 비행을 하는 드론을 가정하였을 경우, PID값 설정은 아래와 같은 경향의 세팅을 보일 것이다.

곡예비행	부드러운 비행
다소 높은 P	다소 낮은 P
다소 낮은 I	다소 낮은 I
P를 보상하기 위한 보다 높은 D	낮은 D

다음 장은 오픈소스 중심으로 다양한 드론의 플랫폼에 대하여 알아보겠다.

PART 03

드론의 플랫폼 개념과
멀티위 (MultiWii) 의 소개

드론의 플랫폼 개념과 멀티위(MultiWii)의 소개

드론에서 플랫폼이 중요한 이유는 드론의 MCU, IMU와 센서, GPS 등 핵심 부품들이 독자적으로 혁신이 일어날 뿐만 아니라 드론 플랫폼 내에서 핵심 부품으로 포함되어 드론 시스템 자체에 혁신이 가속화되고 있기 때문이다.

앞 장에서 필자는 드론의 형태, 구조, 역사적 정의, 드론의 작동 원리에 대하여 간략하게 개괄하였다. 이번에는 드론을 제작하고 운영하는데 있어서 가장 중요한 선택적 고려 요소인 다양한 드론의 플랫폼에 대하여 설명하려고 한다.

사실 본격적인 드론을 제작한다면 먼저 고려해야 할 것이 플랫폼이 아닐까 생각한다. 드론과 관련된 FC, 센서 등 주요 핵심 부품들의 기술 발전으로 드론은 점차 시스템화되고 있는 것 같다. 모터, FC 보드, 센서 모듈 등 물리적 H/W 외에 S/W와 서비스도 드론의 확장된 시스템을 구성한다. S/W 부분에서 과거에는 드론의 비행과 관련된 펌웨어, 즉, 비행 코드(Flight code)가 중요한 부분이었지만, 최근에는 기체의 설정 및 펌웨어 업데이트, 모니터링, 비행기록 수립, 시뮬레이션, 텔레메트리 등을 포함하여 지상 관제 시스템(Ground Control System) 형태로 제공되는 시스템 프로그램으로 발전하고 있다. 서비스도 최근에는 매우 중요해졌다. 센서 모듈, MCU 등 전자 부품이 매우 빠르게 발전하고 융합되므로 제공된 H/W뿐만 아니라 S/W의 통일되고 신뢰성 있고 신속한 업데이트 및 유지 보수가 필수적이게 되었다. 이와 같이 드론은 점차 H/W, S/W, 서비스가 결합되고 융합되어 빠르게 진화하고 있는 시스템, 즉 플랫폼화되고 있는 것이다. 오픈소스 드론계에서 플랫폼으로서의 확립된 사례가, APM 비행 컨트롤러(FC)로 유명한 아두파일럿(ArduPilot), 드론 코드(Drone Code) 커뮤니티이다. 멀티위 커뮤니티도 이와 유사한 성격을 지니고 있다. 단순히 아크로바틱 곡예비행 기술을 연마하는 취미의 용도로만 사용한다면 FC와 FC에서 작동하는 펌웨어 형태의 비행 코드로만도 충분할 것이다. 하지만 기체가 크고 GPS, 옵티컬 플로우(Optical Flow), 소나(Sonar) 등 고가의 다양한 센서들이 추가되고 이에 따른 보다 고도화된 미션을 수행하여야 한다면 펌웨어만으로는 부족하고 최적 미션 수행을 위해서 설정 및 비행 계획 수립, 모니터링, 비행기록 분석 등에 대한 시스템의 지원이 필수적이다. 따라서 드론의 플랫폼 선택은 드론의 사용 목적을 면밀히 고려해서 선택되어야 한다. 일례로 아두이노 프로미니로 작동되는 저가의 멀티위 플랫폼 기반의 드론에 고가의 3축 짐벌 및 카메라를 장착하여 항공 촬영 미션을 수행하는 것은 목적을 고려할 때 넌센스인 것이다.

3.1   플랫폼의 정의

플랫폼에 대한 설명에 앞서, 우리는 플랫폼이 왜 드론의 선택에 있어 중요한지를 이해하기 위해 플랫폼의 정의에 대하여 잠시 생각해 볼 필요가 있다. 각각 프랑스의 인시아드와 미국의 MIT대학교의 교수였던 고워(Gawer)와 쿠즈마노(Cusumano)가 쓴《플랫폼 리더십(Platform Leadership, Havard Business School Press, 2001)》이란 책에서 "플랫폼(High-tech Platform)이란 독립적인 조각으로 이루어진 하나의 진화하는 시스템으로 개별 조각들을 이 시스템상에서 혁신할 수 있다."라고 정의하였다. 여기서 독립적인 조각은 콤포넌트(Component)나 모듈(module)을 말한다.

3.2   드론 플랫폼의 혁신과 발전

드론에 사용되는 관성 측정 장치(IMU), 센서, GPS 등의 핵심 부품들은 요즘 모듈화되어 있어 독자적으로 혁신이 일어나고 있다. 또한, 다양한 혁신의 주체에 의해 플랫폼 내에서 혁신의 능력이 증가한다. 일례로 3D FPV, 충돌 회피 모듈, 광학센서, 비전 프로세싱, GPS 내비게이션, 정밀 이착륙 등 드론에는 최근 다양한 혁신적 제품들이 속속 핵심 부품으로 드론에 포함되어 드론 시스템 자체에 엄청난 진보를 일으키고 있다. 이처럼 플랫폼은 혁신적 제품과 서비스가 융합되어 더 큰 혁신이 일어나는 시스템이다.

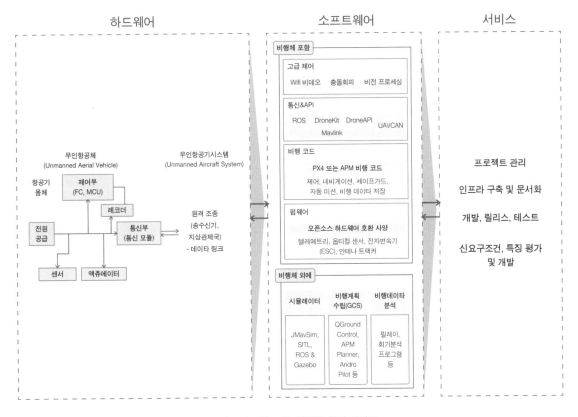

[그림 3-1] 최근 드론 플랫폼 확장 트랜드

* 소프트웨어와 서비스는 드론 코드(Drone Code)의 개념을 참조하였다. (필자는 UAV의 H/W 중심
적 정의와 드론 코드의 S/W, 서비스 중심적인 정의를 플랫폼의 개념으로 통합하였다.)

이러한 혁신들은 예전의 RC 헬리콥터와 비교하면 쉽게 이해가 될 것이다. 예전에 RC
헬기는 주로 서보모터와 수신기와 몸체로 구성되어 있어 할 수 있는 것이 곡예비용이 전
부였다. 지금의 다양한 센서와 전자 부품 및 소프트웨어를 포함하는 진화하는 시스템(플
랫폼)의 형태를 띠지 않았다. 요즘 나오는 드론에는 단순히 추진력을 제공하는 하드웨어
인 모터/변속기와 조종에 필요한 송수신기 외에도 상당히 다양한 요소들이 추가되었다.
FC(Flight Controller)라는 드론의 두뇌가 추가되었고, 이 두뇌에는 가속도계와 자이로스
코프가 포함된 관성 측정 장치(IMU), 지자계, 기압계와 같은 센서가 포함되어 있고, 최근
에는 자율 비행을 위해 GPS가 추가되고 비행 중 상태 확인을 위해 FPV용 카메라가 모듈
형태로 FC에 연결되어 사용되고 있다. 더 나아가 지상에서는 지상 관제 시스템(Ground

Control System)이 보편화되고 있다. 지상 관제 시스템은 현장에서 비행 모드를 설정하거나, GPS에 기반하여 자율 비행 경로(Waypoint)를 설정할 수도 있고, 비행기록을 분석할 수도 있다. 소프트웨어 및 운영 프로그램도 비약적으로 발전하였다. 최근 APM, 멀티위 같은 오픈소스 플랫폼은 드론의 FC에 업로드하는 펌웨어만 제공하는 것이 아니라, S/W 업데이트와 다양한 켈리브레이션을 수행하고, 다양한 기능 추가 및 운영 모드를 설정하고, 더 나아가서 자율 비행 내비게이션 경로를 설정한다. 텔레메트리 기능이 추가된다면 멀리서 비행기의 고도, 거리, 속도, 배터리 상태 등을 실시간으로 확인할 수도 있다. 즉, 드론은 단순히 모터, 변속기, FC와 같은 H/W 중심의 제품이라기보다는 H/W, S/W, Service가 결합되어 제공되는 매우 빠르게 발전하는 복잡한 시스템이다.

이러한 드론의 플랫폼이 시장에서 도태되지 않고 발전하기 위해서는 S/W, H/W의 확장성, 통일성, 지속적인 유지 보수의 제공이 필요하다. 이러한 드론 플랫폼의 필요조건을 충족시키지 못한다면, 우리가 만든 드론은 단지 일회적인 값비싼 취미용 장난감으로써 사용되다 버려지고 지속적으로 새로운 미션을 경험하기 어려울 것이다.

또한, 최근 드론은 플랫폼의 복잡성에 따라 사용할 수 있는 용도(Mission)가 정해진다. 일반적으로 수행할 수 있는 미션이 많을수록 시스템적 복잡성이 증가하고 판매가격이 올라간다. 덧붙여 복잡성이 증가하므로 새로운 플랫폼으로 전환하는 스위칭 비용(Switching cost) 역시 급증한다. 즉, 선택한 플랫폼이 원하는 목적을 수행하는 데 한계가 있어 새로운 플랫폼으로 전환한다면 새로운 학습, 시행착오 등에 상당한 기회 비용이 들어간다. 따라서 드론을 제작하기 위해서는 목적(주로 미션)을 고려하여 신중하게 플랫폼을 선택하여야한다.

3.3 오픈소스에 기반한 다양한 드론의 플랫폼

현재 오픈소스에 기반하여 제작되고 판매되는 플랫폼은 수십 종에 이른다. KK2.1.5처럼 단순히 FC를 판매하는데 머물러 있는 제품부터 APM, PX4처럼 H/W, S/W, 서비스를 종합적으로 제공하는 완성된 형태의 플랫폼을 제공하는 것까지 선택의 범위가 넓다. 대표적인 오픈소스에 기반한 드론 플랫폼을 표로 정리해 보았다.

플랫폼		KK2.1.5	멀티위(MultiWii)	베이스플라이트 (Baseflight)	클린플라이트 (Cleanflight)
비행모드	Acc./Gyro. 센서	Acro, Stablization, Self-Leveling	Acro, Angle, Horizon, Headfree, HeadAdj	Acro, Angle, Horizon, Headfree, HeadAdj	Acro, Angle, Horizon, Headfree, HeadAdj
	Baro센서		Baro Hold	Baro Hold	Baro Hold
	Mag 센서		Mag Hold	Mag Hold	Mag Hold
	GPS, 소나/ 옵티컬 플로우		GPS Home, GPS Hold	GPS Home, GPS Hold	GPS Home, GPS Hold
	기타	Auto Disarm, Battery Alarm	FailSafe	OSD SW, Beeper, Autotune, FailSafe	OSD SW, Beeper, Autotune, FailSafe
주요기술	프로세서/ 센서	- 8bit ATmega 644PA - MPU6050 6축 Acc/Gyro - FC의 LCD로 기체타입/운행 모드/PID 튜닝 설정	SE - 8bit Atmega 328p16MHz - MPU6050 6축 Acc/Gyro - 3축 Mag - 바로미터 Mega - 8bit Atmega 1256 16MHz - 6축 Acc/Gyro, 3축 Mag	- 32bit STM - MPU6500 6축 Acc/Gyro - 3축 Mag - 바로미터 - Sonar (HC-SR04)	- 32bit STM - 6축 Acc/Gyro - 3축 Mag - 바로미터 - Sonar (HC-SR04)
	GCS(Ground Control System)		- Configurator (PC) - EZ-GUI (App)	- Configurator (PC) - EZ-GUI (App)	- Configurator (PC) - EZ-GUI (App)
플랫폼 완결성(H/W + S/W + Service)		낮음	중간	중간	중간
FC		KK2.1.5	MultiWii SE MultiWii Mega	Naze32 Rev6	Naze32,CJ MCU, Sparky
FC 가격		20$	SE 17$ Mega 32$	18$	Naze32 18$, Sparky 38$, CJMCU32 60$
비고		초보자용 FPV에 적합	아두이노에 기반한 다양한 플랫폼의 어머니	8 bit MultiWii의 32 bit버전	Baseflight의 클린코드 버전

[표 3-1] 오픈소스 기반 드론의 플랫폼 비교

애크로(Acro) : 수동 조정 / 스테빌라이제이션(Stabilization) : 안정화 기능 / 앵글(Angle) : 수평 비행 각도 고정 / 호라이즌(Horizon) : 애크로와 앵글 모드의 하이브리드 기능 / 헤드프리(Headfree) : 조종기 스틱(Yaw) 방향 고정 / 헤드ADJ(HeadAdj) : 조종 방향 재고정 / 바로홀드(Baro Hold) : 고도 유지 / 매그홀드(Mag Hold) : 나침판에 의한 방향 고정 / GPS 홈(Home) : 출발지 회기 / GPS 홀드(Hold) : GPS 기반 위치 고정

① KK2.1.5는 입문자용 FC로 많이 사용되고 있고, 컴파스나 바로미터 센서가 없어 애크로(Acro), 스테빌라이제이션(Stablization), 셀프레벨링(Self-leveling) 등의 운영 모드만을 사용할 수 있다. 장점은 FC에 조그마한 LCD 창이 있어 현장에서 바로 PID 등 설정이 가능하다. 플랫폼이라고 부르기에 한계가 있다.

	플랫폼	OpenPilot(LibrePilot)	APM	PX4
비행모드	Acc./Gyro. 센서	Rate(Acro), Attitude (Self-level), Stablize, Axis-Lock, Weak-level	Acro, Stabilize, Land, Drift	Acro, Stabilize, RAtitude
	Baro 센서		Alt Hold, Sport	Altitude Control
	Mag. 센서			
	GPS, 소나/옵티컬 플루오		Auto, Guided, Loiter, RTH, Circle, Position, Pos Hold, OF Loiter	Position Control, Hold, Mission, RTH, Take-off, Land
	기타		Flip, Autotune, Brake, FailSafe	FailSafe
주요기술	프로세서/센서	- 32bit STM - MPU6000 6축 Acc/Gyro	PixHwak - 32 bit ARM Cortex ® M4 - MPU6000 6축 Acc/Gyro, 3축 Mag - MS5611 바로미터 APM - 8bit Atmega 1256 16MHz - 6축 Acc/Gyro,/ 3축 Mag / 소나 / 옵티컬 플로우 센서	PixHwak - APM과 동일 SnapDragon - SnapDragon 801 SOC 칩 / 2.26GHz CPU - MPU 9250 9축 Acc Gyro / Mag 센서 - Optical Flow 센서 - 4K Camera
	GCS(Ground Control System)	LibrePilot GCS(PC)	- APM/Mission Planner (PC) - DroidPlanner / Tower(App)	- QGroundControl(PC) - QGroundContro l Beta(App)

플랫폼 완결성(H/W + S/W + Service)	낮음	높음	높음
FC	CC3D	APM PixHwak	PixHwak, PixRacer, SnapDragon
FC 가격	20$	APM 73~80$ PixHwak 200$	PixHwak 200$ SnapDragon 699$
비고	OpenPilot은 중단되고 LibrePilot에서 서비스	Drone Code로 커뮤니티 확장 PixHwak은 PX4보드 활용	APM과 호환

[표 3-2] 오픈소스 기반 드론의 플랫폼 비교

※ 비행 모드 구분

랜드(Land) : 착륙 모드 / 드리프트(Drift) : 비행기와 같은 균형 선회 가능 / 앨터홀드, 앨터튜드 컨트로(Alt Hold, Altitude Control) : 고도 유지 / 스포츠(Sport) : FPV와 영상 촬영을 위한 최대 수평각 설정 및 고도 유지 / R 애터튜드(R Atitude) : 애크로 모드와 앵글 모드의 하이브리드 / 오토(Auto), 미션(Mission) : GPS 기반 자동경로 비행 / 가이디드(Guided) : 실시간 무선 목적지 설정 / 로이터(Loiter) : 현재의 위치와 방향, 고도 유지 / RTH(Return to Home) : 출발지 회항 / 서클(Circle) : 설정된 선회 반경만큼 고정된 위치에서 선회 / 포지션홀드(Pos Hold), 홀드(Hold) : 위치 고정 / 옵티컬 플로우 로이터(OF Loiter) : 옵티컬 플로우 센서에 기반한 정밀한 위치 유지 로이터 기능 / 오토튠(Auto Tune) : 비행하면서 자동으로 PID 튜닝 수행 / 브레이크(Brake) : 드론의 이동이 멈추고 로이터 상태로 전환 / 페일세이프(FailSafe) : 비상 시 사전 설정된 모드로 전환(예, 통신 단절 시 출발지 회항)

② 멀티위(MultiWii)는 입문자부터 DIY 마니아까지 다양한 수준의 사용자가 사용하는 플랫폼으로, 여기서 베이스플라이트(Basefight)와 클린플라이트(Cleanflight)가 파생된 것을 고려하면 과히 오픈소스 드론의 어머니 격이다. 확장성도 매우 좋아 운영 모드에 따라 아두이노 프로미니(Arduino Pro Mini)에 기반한 FC부터 아두이노 메가(Arudino Mega)에 기반한 FC까지 선택할 수 있게 되어 있다. 아두이노를 알고 있는 입문자라면 저렴한 드론을 밑바닥부터 만들어 볼 수 있고, 어느 정도 아두이노에 익숙하고 C언어를 안다면 교육용으로 적합하고 본격적인 드론의 튜닝을 시도해볼 만하다. 단점은 8메가 16비트 아두이노 프로세서인 아트메가(Atmega) 칩의 성능 한계로 GPS 이후에 나온 옵티컬 플로우 센서들의 적용에 한계가 있다. 즉, 더 이상 새로운 시도를 하기 어려운 성숙 기술(Mature technology)이다.

③ 베이스플라이트(Baseflight)는 단순히 멀티위의 파워풀한 32비트 버전이다. 베이스플라이트는 멀티위의 아트메가 16비트 프로세서 대신 32비트 STM 프로세서를 사용하여 좀 더 안정화되었다. 하지만 여전히 16비트에 기반한 멀티위 코드를 그대로 사용하는 한계가 있다.

④ 클린플라이트(Cleanflight)는 베이스플라이트의 소프트웨어를 개선한 클린 버전으로, 베이스플라이트가 멀티위에서 많은 개선이 이루어졌지만 여전히 16비트에 기반한 코드 체계를 가지고 있어 이를 32비트 버전으로 개선하였다.

⑤ APM은 미국 스파크펀사에 의해 주최된 자율 이동체 경쟁대회를 위해 DIY drone 팀(Chris Anderson과 Jordi Muñoz)에 의해 수행된 아두이노 메가에 기반한 드론 프로젝트인 아두파일럿(ArduPilot)의 산물로, 미국의 3D 로보틱스사에 의해 운영되는 diyDrone이라는 커뮤니티에서 지속적으로 업그레이드되고 있다. 멀티위(MultiWii)와 아두파일럿은 둘 다 아두이노를 기본 S/W 및 H/W 플랫폼으로 채용하였지만, 멀티위는 출발점이 아두이노 프로 미니(Arduino Pro mini)인 반면에 APM은 아두이노 메가(Arduino mega)에 기반하였다. 이러한 H/W 차이로 APM은 훨씬 발전된 비행 모드를 구현해 낼 수 있었다. 실제로 멀티위는 다소 작은 취미용 기체에 주로 쓰이는 반면 APM은 항공 촬영 등 미션을 수행하기에 적합한 중대형 드론에 많이 사용된다. 멀티위의 GPS 내비게이션 기능도 아두파일럿팀의 도움을 받아 완성되었다고 한다.

⑥ PX4는 스위스 취리히 연방공대(ETH Zürich)의 컴퓨터 비전과 지오메트리 연구소(Computer Vision and Geometry Lab)에서 수행한 픽스호크(PixHwak) 프로젝트에 기원한다. 픽스호크 프로젝트는 2009년 초기에는 컴퓨터 비전을 활용한 항공 로보틱스에 초점을 맞추어 작은 규모의 스콜라십 프로젝트로 시작되었으나 랩의 지원과 함께 점차 규모가 커졌고 3D로보틱스와 아두파일럿 그룹과 협력하여 오픈소스 하드웨어에 기반한 비행 컨트롤러 중 가장 뛰어난 픽스호크를 개발하였다. PX4의 S/W는 RTOS, MAVLink 등 효율적인 S/W를 적용하였고, 큐그라운드 컨트롤(Q Grond Control) 등 관련 플랫폼을 종합적으로 제공하고 있다. 아두파일럿 그룹은 다소 기능상에 한계에 도달한 APM을 대체하여 픽스호크을 비행 컨트롤러의 H/W 표준으로 채택하고 있다. 픽스호크에 사용된 168 MHz Cortex

M4F CPU는 아두이노 메가에서는 가능하지 않았던 옵티컬 플로우(Optical Flow) 센서 등 비전 알고리즘에 기반한 데이터의 처리가 가능하게 해줬다.

3.4 드론 플랫폼의 선택

드론 플랫폼의 선택은 성능과 예산의 조합으로 목적 또는 미션을 충족시키는 최적의 선택을 하는 것이다.

이제 드론의 플랫폼과 그 두뇌를 구성하는 FC의 MCU와 핵심 센서들을 대략 살펴보았다면, 만들고자 하는 드론에 적합한 플랫폼을 선택할 시간이다. 필자는 드론 제작과 연구 목적 활용이라는 이 책의 목적을 고려하여 오픈소스 플랫폼으로 한정하였다.

드론의 목적이 초보적인 드론 레이서로서 스피드를 즐기는 것이라면, 가속도계와 자이로 센서로면 충분하므로 저렴한 CC3D FC를 갖고 오픈파일럿(OpenPilot) 플랫폼을 선택해 주면 충분할 것이다. 하지만 좀 더 진지한 드론 레이싱을 원한다면 적어도 Naze FC 기반의 베이스플라이트(Baseflight)나 클린플라이트(Cleanflight)을 선택할 것이다. 클린플라이트는 베이스플라이트의 좀 더 표준화된 S/W 버전이라고 주장하나 두 가지 멀티위 변종(개선) 플랫폼의 차이는 선호도 차이로 본다.

드론의 DIY 목적이 학생으로서 쌈짓돈이 부족하고 아두이노와 C언어에 매력을 느껴 다양한 실험을 해보고자 의도한다면, 기술적으로는 다소 뒤떨어져 있지만 멀티위 플랫폼은 유일한 대안이 될것이다.

드론의 목적이 초보적인 항공 촬영이라면 비상시 다소 고가인 카메라를 보호할 수 있는 리턴 투 홈(Return-To-Home) 기능이 있는 상대적으로 저렴하고 안정적인 APM 플랫폼이면 충분할 것이다.

드론의 목적이 산업용 니즈를 개발하고, 현재 드론의 기술적 트랜드를 따라가기 위함이라면 당연히 APM이나 PX4 플랫폼이 선택의 고려가 될 것이다. 드론 개발의 범위가 단순한 GPS 내비게이션을 뛰어넘어 센서 데이터의 분석이 필요하고, 옵티컬 플로우 (Optical Flow), SLAM(SImultaneous Localization and Mapping) 알고리즘 등 좀 더 데이터기반 센서의 응용이 필요하다면, 분명 APM FC가 아닌 PX4의 픽스호크(PixHawk) FC가 출발점이 될 것이다. 그 이유는 APM이 아두이노 메가에 기반한 매우 낮은 사양으로 (클록 속도 16MHz, 플래시 메모리가 256kb) 더 이상의 실험이 불가능하다. 반면, 픽스호크는 168MHz, 2Mega Byte의 상대적 고사양을 갖는다. 따라서 추가적인 실험이 가능하다. 최근에 픽스호크 2는 기존의 비행 컨트롤러의 약점이었던 동절기 센서의 불안정을 방지하기 위하여 IMU 센서에 열을 발생시키는 열저항기(Thermal register) 장치를 추가하여 산업용 드론의 동절기 운영을 가능하게 하였고, 복수의 센서들을 추가하여 안정성을 크게 개선하였다.

출처 : http://www.proficnc.com/

구분	PixHawk	PixHawk2.1
고정익, 멀티콥터, VTOL(수직 이착륙기) 지원	O	O
오픈 개발 환경	O	O
모듈러 큐브 디자인	X	O
3개의 IMU	X	O
간섭 및 진동 방지 IMU 구조	X	O
Cm 수준 GPS 정밀도	X	O
멀티 GPS 시스템	X	O
극한 온도에서 비행 가능	X	O

[표 3-3] PixHawk과 PixHawk2.1의 차이

참고로 CPU 파워가 더 크고, 메모리가 더 크고, 더 정밀한 사양의 확장성이 큰 플랫폼은 일반적으로 더 많은 비용을 지불해야 한다. 너무나 당연한 이치이다. 고사양의 최신 FC는 더 좋은 퍼포먼스를 내나 결국 원하는 목적과 비용과의 적절한 타협이 필요하다.

3.5 멀티위(MultiWii) 플랫폼의 소개 – 멀티위의 발전과 현 상황

멀티위 플랫폼은 아두이노 커뮤니티에서 시작되어 아두이노 프로미니를 MCU로 사용하고 센서로 저렴한 닌텐도사의 위 모션 플러스[Wii Motion Plus (자이로)]와 위 눈차크[Wii Nunchuk (가속도계)]를 활용하는 DIY 프로젝트로 시작되어 FC, GCS, S/W, 커뮤니티를 포함하는 플랫폼으로 확장되었다. 멀티위의 이름도 멀티콥터(Multicopter)와 닌텐토의 위(Wii)에서 따왔다고 한다.

출처 : 멀티위 커뮤니티(www.multiwii.com)

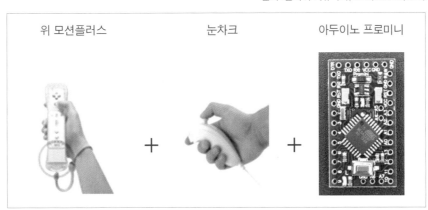

위 모션플러스   눈차크   아두이노 프로미니

+   +

[그림 3-2] 멀티위의 초창기 컨트롤러 구성

[그림 3-3] 멀티위의 초기 컨셉과 최초 비행사진

멀티위는 아두이노 프로미니 기반의 멀티위 SE에서 아두이노 메가에 기반한 멀티위 메가(Mega)로 FC의 H/W 성능이 업그레이드되었고, 멀티위의 H/W를 개선한 베이스플라이트(Baseflight)와 S/W를 개선한 클린플라이트(Cleanflight)라는 변종을 낳았다. 최근에는 아두이노의 H/W적 한계로 활발한 성능 개선은 이루어지지 않고 있다.

아래 그림은 베이스플라이트와 클린플라이트의 GUI 설정 프로그램이다. 외형적으로 볼 수 있듯이 상당히 유사한 형태를 갖고 있다. S/W가 제공되는 프로그램도 동일하게 구글 크롬의 앱을 통해서 제공되고 있다.

[그림 3-4] 베이스플라이트의 GUI 설정 프로그램(Config)과 Naze32 비행 컨트롤러

[그림 3-5] 클린플라이트의 GUI 설정 프로그램(Config)과 CC3D 비행 컨트롤러

※ 베이스플라이트 vs 클린플라이트 : 오픈소스 전쟁 스토리

매우 유사하면서도 다소 상이한 두 플랫폼에 얽혀 있는 갑논 을박은 오픈소스 드론계에서는 꽤나 드라마틱한 '오픈소스 전쟁' 스토리로 화재를 낳아서 머리도 식힐 겸 잠시 소개하겠다. 오픈소스는 영원한가, 그리고 오픈소스라고 해서 어느 정도까지 남의 창작물을 자유롭게 가져다 쓸 수 있느냐는 고민을 해보게 해주는 사례였다.

베이스플라이트 팀콥(Timecop)은 미국의 4대 인터넷 사이트 중 하나인 레딧(https://www.reddit.com/)의 커뮤니티 중 멀티콥터 커뮤니티에 활동하면서 점차 취미에서 하드웨어 전문가로서 개발자로 발전하게 되었던 중, Naze32 FC와 크롬 브라우저에 기반한 베이스플라이트 GUI 앱을 개발하였다. Naze32와 베이스플라이트 GUI 앱 모두 멀티위에 기반하여 발전된 것으로 평가받고 있다. Naze32는 32비트 72MHz의 STM32 프로세서에 기반한 FC로 기존 멀티위 커뮤니티의 8비트 16MHz의 ATmega 칩 사용에서의 한 단계 발전이었다. 하지만 펌웨어적으로는 특별한 혁신은 없었고 멀티위를 변형한 수준이었다. 설정 프로그램은 사용자 편의성의 관점에서 큰 개선이 있었다. 사실 멀티위의 자바 중심의 다소 시대에 뒤떨어진 컨피그(Config) 프로그램을 사용자 편의를 고려하여 디자인적으로 개선하고 크롬의 앱을 적용하여 사용자 편의성을 훨씬 개선하였다.

하이드라(Hydra)로 알려진 도미닉 클린턴(Dominic Clifton)은 베이스플라이트가 S/W의 개선에는 큰 관심이 없고 Naze32와 같은 특정 하드웨어 중심으로 발전하는 것에 대한 문제를 느끼고 표준적인 비행 코드 및 SW 환경에 기반하여 다양한 비행 컨트롤러들이 사용할 수 있는 크롬 기반의 클린플라이트 GUI 앱을 만들었다.
문제는 클린플라이트가 베이스플라이트 프로젝트에 기반한다는 데서 생겼다. 초창기에 도미닉은 클린플라이트 앱을 만들면서 팀콥의 크롬앱 방식을 모방했고 실제로 팀콥에 따르면 베이스플라이트 GUI에 있는 모터 그림과 3D 모델 그림 등을 가져다 사용했다고 한다. 팀콥은 또한 오픈소스 GPL에 의해 자신의 프로젝트 결과를 사용할 수는 있지만 디자인과 그림 작업은 저작권이 있다고 주장하였다. 즉, 본인도 GPL에 의해 가져다 쓴 것이므로 도미닉에 법적으로 책임을 물 수는 없지만, 자신의 의견에 반해 적대적으로 베이스플라이트 앱을 모방(Hostile pork)한 것에 비방을 한다.

인터넷 공간에서의 상호 간에 많은 논박이 있은 후 팀콥은 레딧닷컴의 멀티콥터 커뮤니티에 장문의 글(대다수가 도미닉 클린턴의 행동에 대한 비난)을 남기고, 베이스플라이트를 여전히 무료이지만 오픈소스(Open Source)에서 클로즈드 소스(Closed Source)로 전환함을 밝혔다. 그가 스스로 올렸던 장문의 글은 구글에서 "베이스플라이트 대 클린플라이트, 사실과 증거[Baseflight vs Cleanflight, facts & proofs(DRAMA)]"를 검색하면 쉽게 찾을 수 있다.

도미닉 클린턴도 이에 지지 않고 런던 핵스페이스(Hack Space)에서 열렸던 런던 에어로스페이스(Aerospace) 이벤트의 초청 강사로서 "하이드라, 클린플라이트에 대한 토크(Hydra (Dominic Clifton) Talks about Cleanflight)"라는 주제로 그의 생각과 클린플라이트에 대한 견해를 밝혔다. 도미닉은 동영상에서 팀콥이 하드웨어 가이로 나제(Naze) 보드를 파는데 관심이 있고 플립(Flip), 스파키(Spraky)같은 다른 보드들을 포팅하는데 관심이 없다고 비판하면서 자신은 소프트웨어 가이로서 지속적으로 유지가 되고, 견고하고, 효율적이고, 잘 테스트가 되고, 유지 보수가 쉬운 표준적이고 깨끗한 소프트웨어로 개발했다고 밝혔다. 또한, 도미닉은 이메일 논쟁을 언급하며 팀콥은 GPL(General Public License, 공개 S/W 라이센스의 일종)을 잘 이해 못 하고 있다고 비난하며 오픈소스는 누구나가 필요하다면 자유롭게 가져다 쓸 수 있다는 견해를 밝혔다.

둘의 경쟁과 논박은 오픈소스 전체를 위해서 좋은 결과가 되었다. 먼저, 커뮤니티 사용자에게서는 이전에 비해 발전된 하드웨어인 Naze를 사용할 수 있었고, 플립, 스파키 같은 발전된 FC를 하나의 표준적인 GUI에서 설정, 관리할 수 있게 되었다. 일반 사용자에게는 누구에게 공을 돌려야 되는지는 중요하지 않았다. 베이스플라이트는 멀티위에 기반하였고, 클린플라이트는 베이스플라이트에 기반하였으니, 어차피 출발점은 멀티위니 둘 사이에 논쟁을 크게 의미가 없는 것이다. 둘 사이에 경쟁은 지속적인 S/W 업그레이드로 이어져서 오픈소스의 활성화에도 기여를 하였다.

PART 04

비행 컨트롤러
(Flight Controller)의 이해

비행 컨트롤러(Flight Controller)의 이해

비행 컨트롤러(FC, Flight Controller)는 일반적으로 연산처리를 하는 MCU와 좌표 및 위치 데이터를 제공하는 센서부, 그리고 다수의 데이터 통신 커넥터로 구성되어 있다. 드론 FC에는 최근 각속도계(Gyroscope), 가속도계(Accelerometer), 컴퍼스(Compass), 바로미터(Barometer)가 기본인 10축 센서가 표준처럼 되고 있고, GPS가 추가되기도 한다. 드론에는 설정 및 펌웨어 업로드 시 PC와의 통신을 위한 시리얼 통신핀, RC 조종기와의 통신에 필요한 수신기 연결핀, ESC로 모터 회전에 필요한 신호를 보내는 서보모터 연결핀이 있다. [그림 4-1]은 일반적인 FC의 구조를 나타낸다.

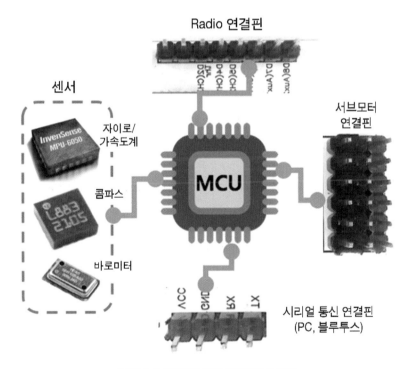

[그림 4-1] 일반적인 비행 컨트롤러의 구조

다양한 수십 종의 FC가 시장에 존재하고 손쉽게 센서들을 조합하여 FC를 만들 수 있으나, 납땜과 불필요한 수고를 덜기 위해 교육용으로 열린친구와 JK전자가 공동으로 설계한 오픈 메이커랩 보드 V1(Open Maker Lab Board v1)을 중심으로 FC에 대한 설명을 하려고 한다.

4.1 오픈 메이커 랩 보드 버전 1(Open Maker Lab Board v1)의 특징

먼저 드론의 두뇌인 비행 컨트롤러(Flight Controller, FC)에 해당하는 오픈 메이커랩 보드 V1(줄여서 OML보드 V1)을 소개한다. 가운데에 위치한 것이 ATmega 328p를 사용하는 아두이노 프로 미니이다. 아두이노 프로 미니의 오른쪽에는 GY-87 IMU(관성 측정 장치)가 배치되어 있다. 이 IMU는 가속도계와 자이로스코프가 결합된 MPU 6050과, 지자계(Magnetometer) HMC 5883L, 기압계(Barometer) BMP180 센서가 포함되어 있다. 이들 센서를 통해서 나온 데이터를 갖고 아두이노 프로 미니 MCU는 안정적인 비행과 자세 제어를 위해 끊임없는 연산을 수행한다.

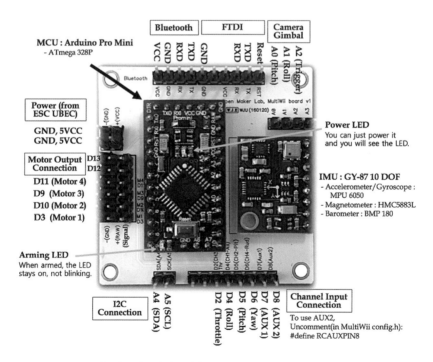

[그림 4-2] 열린친구의 OML Board v1의 구조 및 배선도

아두이노 프로 미니의 디지털 · 아날로그 핀들은 [그림 4-2]처럼 목적에 따라 커넥터 핀에 PCB 회로 위에서 연결되어 있다.

아두이노의 디지털 핀 2, 4, 5, 6, 7, 8번은 드론의 수신기 채널에 연결된다. 아두이노의 디지털 핀 3, 9, 10, 11번은 쿼드콥터의 4개의 모터를 변속하는 ESC(Electronic Speed Controller)에 연결한다. 아두이노의 VCC(+5v), GND, TXD, RXD 핀은 블루투스와 FTDI 시리얼 컨버터(FTDI RS232L USB Serial Converter)에 연결한다. 블루투스는 EZ-GUI 같은 안드로이드 앱을 통해서 현장에서 USB 케이블이 없이 켈리브레이션과 PID 설정을 가능하게 해준다. FTDI 시리얼 컨버터는 펌웨어 업로드와 초기 설정을 위해서 필요하다.

아두이노 아날로그 핀 A0, A1, A2번은 카메라 짐벌을 위해 사용한다. 아두이노 프로 미니의 A4, A5핀과 GY-87 IMU의 SDA, SDL 핀은 I2C 통신을 위해 PCB 회로 위에서 연결되어 있다. IMU 위에 인쇄되어 있는 Y축 화살표는 기체의 전진 방향을 나타낸다.

아두이노 우노에 익숙하지만 아두이노 프로미니에 낯선 독자를 생각하여 아두이노 프로미니와 아두이노를 비교한 내용을 다음 페이지에 수록하였으니 참고하자.

※ 멀티위 328 비행 컨트롤러와 OML 보드 비교

현재 아두이노 프로 328p를 사용하는 MultiWii FC의 표준적인 설정으로 출시되는 FC로는 하비킹(Hobbyking)의 멀티위 328SE가 있다. 본 책에서 소개된 OML 보드 v1은 사실상 구조상의 차이는 거의 없다. 멀티위 328 SE와 OML 보드 v1의 차이를 설명하였다.

- OML 보드 v1과 멀티위 328 SE는 동일 사양이다. 단지, OML 보드 v1은 PC와의 시리얼 통신을 위한 FTDI 칩이 없어, 별도의 FTDI USB-시리얼 컨버터를 사용해야 한다는 점이 멀티위 SE와의 차이이다.

- 바로미터가 BMP085와 BMP180으로 다른 것을 제외하면 가속도계, 각속도계, 지자계 / 컴퍼스 센서가 동일하다.

- OML 보드는 아두이노 프로미니와 GY 87 IMU를 회로 기판에 위치시켜 아두이노의 교육적 효과를 증대시키고자 했다.

※ 아두이노 우노(Arduino Uno)와 아두이노 프로미니(Arduino Pro Mini)의 비교

아두이노 프로미니는 USB 연결을 위한 ATmega 16U2 칩이 없는 것을 제외하고는 아두이노 우노 R3 버전과 기능상으로 큰 차이가 없다. 그 이유는 둘 다 동일한 ATMega 328P 칩을 MCU를 사용하는 것이다. 아두이노 우노와 거의 동일한 기능을 갖는 아두이노 프로미니를 개발한 이유는 산업용 활용을 위해서다. 아두이노 우노는 교육용이나 프로토 타입 개발용에는 적합할 수 있지만, 산업용으로 사용되기는 다소 크다. 이러한 작은 사이즈로 인해 멀티위도 초창기 아두이노 프로미니를 활용하여 많이 제작되었다. 아두이노 프로미니는 사이즈를 축소하다보니 자리를 많이 차지하는 ATmega 16U2 칩을 제외하였다. 따라서 USB 통신을 위해서는 FTDI RS232 USB 시리얼 컨버터가 필요하다.

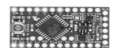

구분	아두이노 우노	아두이노 프로미니
마이크로컨트롤러	ATmega328	ATmega328
사용 전압	5V	3.3V or 5V
입력 전원	7~20V	3.35 ~ 12 V (3.3V) 또는 5 ~ 12 V (5V)
디지털 입력 / 출력 핀	14개	14개
PWM 출력 핀	6개	6개
아날로그 입력 핀	6개	6개
입력 / 출력 전류	20mA	20mA
3.3V 출력 전류	50mA	50mA
플래시 메모리	32KB	32KB
SRAM	2KB	2KB
EEPROM	1KB	1KB
클록 속도	16MHz	8MHZ(3.3V) or 16MHz(5V)

4.2 OML 보드의 GY87 10DOF IMU 센서의 구성

'GY87 10DOF IMU는 [MPU6050] + [HML5883L] + [BMP180]으로 구성되어 있다.'

GY87은 DIY에 가장 많이 사용되는 관성 측정 장치인 MPU6050 6축 센서에 지자계 HML5883L 3축 센서와 바로미터 1축 BMP180 선세를 결합하여 드론에 사용할 수 있도록 개선을 이룬 센서이다. 브라보 중국 메이커! 우리는 일부 중국 제품의 복제품 생산에 대해 비판을 하지만, 중국 기업들은 우리가 하지 못하는 방식으로 전 세계 메이커 커뮤니티에 도움이 되는 기여를 하고 있는 것도 사실이다.

DIY 커뮤니티에서 저렴한 가격으로 가장 많이 사용되는 MPU6050은 인벤스(Invense)사에서 세계 최초로 개발한 6축 모션 트래킹 센서이다.

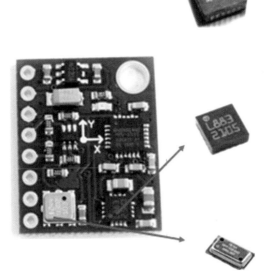

[MPU6050]

• 6-축 가속도계 / 자이로스코프
• 3-축(X-Y-Z) MEMS 자이로스코프 포함 : 각속도 변화량 측정
• 3-축(X-Y-Z)MEMS 가속도계 포함 : 중력가속도 측정
• 6축의 센서값을 갖고 I2C로 통신
• MEMS 구조상 진동에 큰 영향을 받음

[HML5883L]

• 3-축(X-Y-Z) 디지털 컴퍼스(하니웰사)
• X,Y,Z 축에 있는 자기장 센서를 활용 자기장 방향 측정
• I2C 통신을 함
• 철물, 자석 등 강한 자기장에 영향을 받음

[BMP180]

• 1축 바로미터 기압 센서(보쉬사)
• 대기압을 측정하여 고도, 온도를 계산
• 정확도 0.25m(실제로는1m이상)

[그림 4-3] GY87의 센서 구조

드론의 센서는 MEMS 구조로 되어 있어 진동에 민감하다. 이러한 이유는 아래 그림의 MEMS 구조에 대한 작동 원리를 보면 쉽게 이해할 수 있을 것이다.

MPU6050은 6개의 출력값을 갖는 6DOF (Degrees of Freedom) 6축 IMU 센서이다. MPU 6050은 MEMS(Micro Electro Mechanical Systems)기술을 응용하였고, 가속도계와 각속도계가 하나의 칩 안에 들어 있고 이들 칩은 통신을 위해 I2C(Inter Integrated Circuit) 프로토콜을 활용한다.

가속도계는 압전 효과(piezoelectric effect)에 의해 작동한다. 벽이 압전 결정체(Piezo electric crystal)로 구성되고 내부에 작은 공이 있는 입방형 박스를 생각하자.

박스를 기울이면 공은 중력에 의해 기울어진 방향으로 이동한다. 벽은 공이 충돌할 때 압전 (Piezo electric current)을 발생시킨다. 입방체에는 총 세 쌍의 반대 방향의 벽이 있고, 각 쌍은 3D 공간에서 X, Y, Z축을 나타낸다.

압전장(Piezo electric wall)에서 생산된 전류에 따라서, 기울기의 방향과 크기가 결정된다.

출처 : https://diyhacking.com/arduino-mpu-6050-imu-sensor-tutorial/

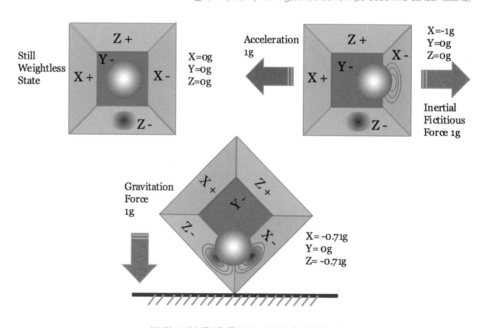

[그림 4-4] MEMS 구조의 가속도계 작동원리

필자는 국내 오픈소스의 활성화와 아두이노 커뮤니티의 확산을 목적으로 OML Board v1을 설계하였다. 따라서 또 다른 OML 보드를 만들어보고자 하는 독자들을 위해 본 저자가 엑셀파일로 디자인한 회로도를 [그림 4-5]에 공개한다.

아래는 OML 보드를 사용함의 이점과 한계를 정리하였다.

① MultiWii 호환보드 : 아두이노 스케치를 펌웨어로 사용하므로 아두이노 스케치에 익숙하다면, 자기만의 드론으로 튜닝에 도전할 수 있다.

② 아두이노와 센서를 그대로 살린 브레이크아웃(Breakout board) 형태 제작 : 아두이노 우노와 사양이 유사한 아두이노 프로미니(ATmega328P, 5V)를 그대로 사용하고, IMU 센서인 GY-87를 회로기판에 앉혀, 컨트롤러와 센서의 독립적인 활용이 가능하면서도, 납땜이나 과도한 점퍼선 연결로 인한 에러 발생 등의 수고를 덜어준다.

※ 브레이크아웃 보드(Breakout board)란?

브레이크아웃 보드는 하나의 전기 부품을 사용하기 쉽게 구성한 보드이다. 일례로 IC (Intergrated Circuit)의 전원핀, 입력핀, 출력핀을 PCB 위에 구분하여 배열하여 아두이노와 브레드보드를 사용하여 시제품을 만들 때 별도의 납땜 작업이 필요 없게 만든 작은 보드를 말한다.

③ 경제성을 고려하여 FTDI 시리얼 컨버터가 없는 형태로 제작 : 아두이노로도 펌웨어 업로드가 가능하므로, 아두이노에 친숙한 사용자들을 위해 상대적으로 고가인 FTDI 칩을 제거하여 원가를 낮추었다.

④ 멀티위 커뮤니티의 다양한 응용 사례 활용 : 멀티위의 커뮤니티를 통해서 드론뿐만 아니라 다양하게 시도된 프로젝트를 경험해 볼 수 있다. 예) 멀티위 보드를 짐벌로 활용, 멀티위로 셀프 발란싱 로봇(Self-balancing Robot) 만들기, 로버(Rover) 자동차 만들기 등

⑤ 한계 : MCU로 아두이노 프로미니 328p를 사용한 관계로, GPS 내비게이션과 같은 다소 데이터 처리를 요하는 센서의 기능을 활용하기는 어렵다.

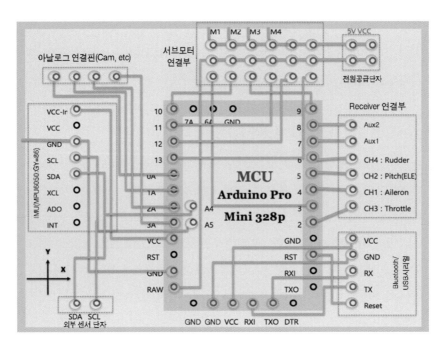

[그림 4-5] OML 보드 V1의 설계도

지금까지 멀티위 플랫폼 기반의 OML 보드 중심으로 FC의 구조에 대하여 간략히 설명을 하였고, 다음은 좀 더 다양한 보드를 선택할 때 고려사항에 대하여 설명하겠다.

4.3 다양한 비행 컨트롤러(FC)와 선택 시 고려사항

앞에서 FC를 주로 OML 보드에 초점을 맞추어 설명하였지만 독자들의 다양한 FC 선택 상황을 고려하여 간단히 FC 시 선택사항을 정리해 보았다.

① FC는 플랫폼의 구성 요소 중에서도 드론의 성능에 가장 직접적으로 영향을 줌으로 FC 선택에 신중해야 한다.

② FC의 선택 시 핵심 고려사항은 드론의 목적이다. (예, 촬영용, 레이싱용, 경로비행 등)

③ 드론의 기능은 사용되는 센서가 중요한 결정 요인이므로 미션에 부합하는 센서의 장착 여부를 고려하여야 한다.

비행 모드	센서 구분				
	자이로스코프 (Gyroscope)	가속도계 (Accelerometer)	기압계 (Barometer)	컴퍼스 (Compass)	GPS
애크로(Acro)	X				
앵글(Angle) 또는 스테이블/레벨 (Stable/Level)	X	X			
호라이존 (Horizon)	X	X			
헤드프리(HeadFree) 또는 케어프리(CareFree)	X	X	X	X	O
고도유지 (Altitude Hold)	X	X	X		
GPS 리턴 투 홈 (Return to Home)	X	X	O	X	X
GPS 경로 (Waypoint)	X	X	O	X	X
GPS 포지션홀드 (Position Hold)	X	X	O	X	X
페일세이프 (Failsafe)	X				

[표 4-1] 멀티위의 센서에 따라 사용 가능한 비행 모드

※ 참고

- X 센서가 필수적임 / O센서가 추천되나 필수는 아님
- 앵글, 스테이블, 호라이존 모드는 배타적임
- 헤드프리(케어프리), 고도 유지, GPS 모드는 모두 동시에 작동함
- GPS 기능이 작동하기 위해서는 레벨 모드 / 지자계(Mag) / GPS가 필요하고, GPS 작동을 위해 기압계가 권장되므로 고도 유지가 권장됨

하비킹의 KK2.1.5 3

3D로보틱스의 APM2.5

오픈파일럿(OpenPilot)의 CC3D

아프로플라이트(AfroFlight)의
나제32 리비젼6(NAZE32 Revision6)

3D로보틱스의 픽스호크(PixHawk)

마이크로 픽스호크(Micro PixHawk)

[그림 4-6] 자작(DIY) 드론에 많이 사용되는 비행 컨트롤러

4.4 비행 컨트롤러 설계상의 이슈

[표 4-2]는 필자가 다양한 드론 테스트를 통해서 발견한 FC의 설계상의 이슈 몇 건을 정리하였다. 드론의 H/W 설계를 하고자 하면 참고가 될 수 있어 수록하였다.

FC 종류	알려진 이슈	해결책
멀티위 SE328p	Atmega 328p MCU의 한계로 GPS의 리턴투홈 기능이나 내비게이션 기능을 처리하기 어려움 - 아두이노 프로미니 328의 플래시 메모리와 SRAM은 각각 32KB,2KB에 불과하고, 멀티위 펌웨어 2.4버전을 업로드하면 50~60% 이상을 차지하여 더 이상 공간이 없음 [그림 4-7]	- 리턴투홈 기능만을 위한 세컨드 프로미니 사용 - 내비게이션 기능 사용을 위해서는 아두이노 메가 이상의 MCU로 MCU의 처리 능력의 개선이 필요
APM 2.5	APM2.5 보드에 센서(GPS, 초음파 등)나 수신기를 연결한 상태에서 리포전원 없이 USB로만 연결하면 내부 정류 트랜지스터 전원 부족으로 브라운 아웃(Brown out) 현상이 생길 수 있음	다양한 센서들이 적용됨에 따라 MCU와 센서들 간에 상이한 전원 공급을 위한 전원부의 설계가 점차 중요해지고 있음
라즈베리 파이	아두이노와 세컨드 플랫폼 간의 I2C 통신은 최대가 115200보드 레이트(baud rate) - 아두이노의 클록 스피드는 2,000,000, 500,000, 333,333, 250,000, 200,000, 166,666, 142,857, 125,000, 111,111, 100,000, 90, 909…이고 - 컴퓨터의 표준 baud rate은 300, 1200, 2400, 4800, 9600, 19200, 38400, 57600, 115,200, 230,400이고통신이 가능한 최대 유사한 보드 레이트는 115,200임 ☞ 참고	아두이노에 더 이상의 센서를 붙이기는 한계에 도달함 좀 더 파워풀한 클록 스피드가 있는 플랫폼 개발 필요
	라즈베리 파이는 아두이노보다 드론컨트롤러로 활용하기 어렵다. - 아두이노는 아키텍처가 하바드 구조의 컨트롤러로 OS가 필요없이 실시간으로 작동되는 반면에 라즈베리 파이는 아키텍처가 폰노이만 구조로 OS가 필요한 컴퓨터이다. 따라서 스케줄링으로 미세한 지연이 발생한다.	OS를 기반한 FC를 개발하기 위해서는 컨트롤러에 기반한 FC보다 복잡한 프로그래밍이 필요함 그렇다고 APM보다 비행 성능이 뛰어나다고 보기 어려움

[표 4-2] 비행 컨트롤러의 설계상의 이슈

업로드 완료.

스케치는 프로그램 저장 공간 16,870 바이트(54%)를 사용. 최대 30,720 바이트.
전역 변수는 동적 메모리 1,257바이트(61%)를 사용, 791바이트의 지역변수가 남음. 최대는 2,048 바이트.

[그림 4-7] 멀티위 펌웨어 업로드 메시지 창

[그림 4-8] APM2.5의 고장난 정류 트랜지스터 교체

필자는 오랜만에 APM2.5에 기반한 쿼드콥터를 갖고 미사리 비행장에서 비행을 시도하였으나 이륙 후 기체가 심하게 좌우로 요동을 치는 현상을 경험한 후 사무실로 돌아와 미션 플래너에서 체크를 한 결과, 센서들이 비정상적으로 작동하는 것을 알게 되었다. 원인은 GPS, 수신기 등 다양한 외부 센서를 연결한 후 FC에 USB로만 전원을 공급해준 결과, 브라운아웃 현상으로 민감한 정류 트렌지스터(TPS79133)가 고장난 게 원인이었다. 교체 후 다시 정상적으로 작동하였다.

※ 참조 : FC에서 필요한 보레이트(baud rate)의 계산

하나의 FC에서 하나의 통신 회선에서 사용될 수 있는 모든 통신 데이터를 보레이트 기준으로 계산하는 방법을 설명하였다. 전체의 실제 통신 트래픽이 설정된 통신 트래픽을 초과한다면 전송이 지연 및 에러로 FC의 제어에 심각한 문제가 생길 수 있다.
보 레이트(Baud Rate)는 초당 얼마나 많은 심볼(Symbol) 즉, 의미 있는 데이터 묶음을 전송할 수 있는가를 나타낸다.

먼저 하나의 통신 회선에서 사용되는 전송 데이터의 유형과 데이터값을 아래와 같이 가정하여 정리하였다.
조종기 입력값(16 bytes), IMU(14 bytes), GPS(36 bytes), 바로미터(12 bytes), 아날로그 입력값(10 bytes), 액츄에이터 명령(16bytes). hstart bytes / packet ID / size byte / 2 - byte checksum(6 byte wrapper) → 패킷당 140 바이트

이 패킷을1초에100번 보낸다면(100HZ), 초당14,000바이트(Bytes)를 보내야 한다.
바이트당 10비트(Bits)라고 가정하면 총 처리가 필요한 Traffic = 140,000 baud rate (아두이노의 최대는 115,200이다)

결국, 위의 계산에 따르면 아두이노로는 위에서 가정한 전송 데이터를 처리할 수 없다는 것을 알 수 있다.

PART 05

드론의
추진력 계산

드론의 추진력 계산

드론을 제작할 때에 있어 목적을 정하고, 그에 따른 플랫폼을 결정하였으면 이제 기체의 본격적인 제작에 앞서 추진력을 설계할 때이다. 제품을 만들 때도 그렇지만 드론에 있어서도 설계의 중요성은 아무리 강조해도 지나치지 않을 것이다.

대학이나 산업체에서 드론 제작 시 겪는 시행착오 중에 추진력 설계의 오류는 치명적일 수 있다. 상당수의 부품을 해외에서 조달하는 현 상황에서 한 번 잘못 설계된 추진력은 돌이킬 수 없는 비용상의 손해와 프로젝트 지연을 초래할 수도 있다.

대학 프로젝트의 사례로, 중국에서 주문한 부품이 한 달만에 도착하여 열심히 조립하여 설정도 마치고 처녀 비행을 위해 이륙 테스트를 시행하였지만 아쉽게도 그 드론은 날수 없는 드론이었다. 추후 추진력을 좀 더 정밀하게 계산한 결과 구매한 프로펠러와 모터, 전원을 통해서 생성되는 추진력으로는 이륙이 어려웠던 것이다. 그 프로젝트팀은 저녁에 멘붕을 달래며 다시 해외 주문을 넣을 수밖에 없었다.

필자의 회사에서도 추진력 설계의 문제 사례가 있었다. 초장기 450급에서 650급 중대형 드론의 제작을 시도하면서 모터와 프로펠러의 선택에 문제가 있었다. 처음 시도라 17인치의 큰 사이즈의 프로펠러 대신 다소 작은 14인치 프로펠러와 좀 더 회전 속도가 빠른 RPM의 모터를 체택하였다. 주문이 끝난 후 또한 짐벌과 자동 랜딩 기어가 추가되면서 중량이 추가되었다. 결국, 제작된 드론은 목표로 하던 15분에 못 미치는 8분 정도를 비행 시간을 갖게되고 말았다.

이와 같은 사례들을 고려해서 추진하는 드론 제작 프로젝트의 성공 확률을 높이려면 반드시 드론 제작에 앞서 추진력 설계에 일정 정도의 시간을 할애해야 할 것이다. 또한, 향후 미션의 변경에 따라 예상되는 기체 총중량을 고려하여 부품을 선택해야 할 것이다.

드론의 부품을 선택하였으면, 기체의 추진력 계산을 통해 이제 드론이 과연 내가 원하는 미션을 수행할 정도의 충분한 추진력을 가졌는지 검증해 볼 차례이다. 두 가지 방식이 있다. 업계에서 통용되는 경험칙(Rule of Thumb)과 다양한 프로펠러, ESC 등의 DB 구축을 통해 계산이 가능한 프로그램을 활용하는 방법이다.

5.1 경험칙(Rule of Thumb)에 의한 추진력 계산법

경험칙에 따르면 모터에 필요한 추진력은 드론의 총무게의 두 배이다. 즉, 드론의 무게가 1kg이면 모터 전체는 약 2kg의 추진력이 필요하고, 쿼드콥터를 가정하면 하나의 모터는 500g의 추진력이 필요하다.

'트러스트 대 비중 비율(Thrust to weight ratio) = 2 : 1
모터의 추진력은 드론 전체 중량의 2배 이상이 되어야 한다.'

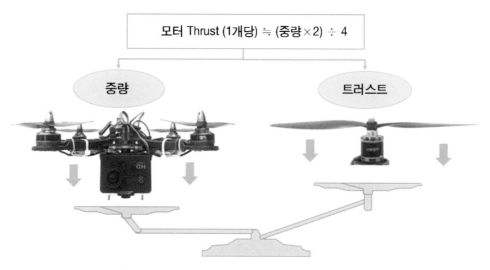

[그림 5-1] 쿼드콥터의 모터 하나당 추진력과 중량의 이상적 비율

향후 조립에 예시를 들 250급 쿼드콥터를 가정하면, 현재 구성하고 있는 부품 및 모터의 총무게는 약 400g 정도이다. 따라서 추진력(Thrust)은 약 800g 이상 되어야 안정적인 이륙이 가능하다. 모터의 추진력은 모터 제조사들이 만들어 놓은 아래와 같은 테이블을 활용하여 계산할 수 있다.

기체의 테스트는 멀티스타 엘리트(MultiStar Elite) 2204 2300KV 제품으로 시행하여 아래 써니스카이(SunnySky)사의 제품과는 다르나 유사한 제품으로 아래 테이블을 사용했다. 아래 테이블의 두 번째 항목에 따르면 젬판(Gemfan이라는 브랜드) 5030 프로펠러를 사용하고, 3S Lipo 배터리를 사용하였을 때 50%의 스로틀 스틱을 올린 상태에서 트러스트가 199g이다. 4개의 모터이므로 총 796(199*4)g의 트러스트가 발생한다. 따라서 50%의 스로틀을 올린 상태에서 드론의 무게(400g)보다 큰, 이륙에 충분한 추진력을 발생시킨다.

하지만 위의 케이스처럼 모든 모터 제조사가 [표 5-1]과 같은 테이블을 제공하는 것은 아니라는 단점이 있다.

* 이 테이블은 참고로 첨부한 것으로 공신력 있는 데이타가 아님

1/2		Motor - SS X2204S				KV - 2300		Lipo - 3S		Free RPM = 25,000		
Prop	Throttle	V	A	W	Thrust	g/W	RPM	%Free RPM	Pitch Speed	Surge Amps	Temp	Comment
HQ 5X3	50%	12.49V	2.41A	30.1W	175g	5.81	15,300			16.54A		
	100%	12.44V	6.79A	86.7W	385g	4.44	23,000	92%	105km/h			
GF 5030	50%	12.45V	2.78A	34.6W	199g	5.75	15,000			15.33A		
	100%	12.39V	8.45A	104.7W	442g	4.22	22,200	89%	102km/h			
GF CF 5030	50%	12.46V	2.97A	37.0W	193g	5.22	14,200			20.91A		
	100%	12.39V	9.38A	116.2W	441g	3.79	21,700	87%	99km/h			
GF 5030 X3	50%	12.48V	3.06A	38.2W	208g	5.45	14,100			19.05A		
	100%	12.41V	9.94A	123.4W	475g	3.85	21,300	85%	97km/h			
FC 5X4.5	50%	12.47V	3.43A	42.8W	204g	4.77	13,400			18.22A		Fastest+most powereful 5" tw in blade
	100%	12.39V	11.8A	146.2W	482g	3.30	20,500	82%	141km/h			
FC 5X4.5X3	50%	12.41V	4.09A	50.8W	234g	4.61	12,500			20.26A		
	100%	12.31V	16.08A	198.0W	561g	2.83	18,900	76%	130km/h			
BO CF 5030	50%	12.46V	3.16A	39.4W	192g	4.88	13,500			18.31A		
	100%	12.36V	10.69A	132.1W	468g	3.54	20,800	83%	95km/h			
APC 5.5X4.5	50%	12.39V	4.09A	50.7W	178g	3.51	11,000			24.82A		
	100%	12.32V	17.94A	221.0W	450g	2.04	18,000	72%	123km/h			
HQ 6X3	50%	12.41V	2.78A	34.5W	213g	6.17	13,700			22.12A		Perfect all-round prop. More Thrust and Speed on Less Amps!
	100%	12.31V	9.94A	122.4W	539g	4.41	21,100	84%	97km/h			
FC 6X4.5	50%	12.39V	5.11A	63.3W	315g	4.96	11,300			29.74A		This is the absolute limit on a lightweight acro quad.
	100%	12.24V	20.26A	248.0W	710g	2.86	17,100	68%	117km/h			
APC 6x4	50%	12.36V	4.92A	60.8W	267g	4.39	11,700			31.97A		
	100%	12.23V	19.42A	237.5W	630g	2.65	17,400	70%	106km/h			

[표 5-1] SunnySky사의 X2204 2300KV 브러시리즈 모터 추진력 테이블

5.2 eCalc 사이트를 활용한 추진력 계산법

두 번째 방법은 온라인에서 유료 또는 무료로 제공되는 추진력 계산 프로그램을 사용하는 것이다. 가장 많이 알려져 있는 프로그램은 eCalc와 드라이브 칼큘레이터(Drive Calculator)다. eCalc는 온라인 사이트(www.ecalc.ch/)에서 간단히 입력하면 바로 결과를 확인할 수 있는 반면, 드라이브 칼큘레이터는 PC에 다운로드 받아서 사용하게 되어 있다. 드라이브 칼큘레이터는 업데이트가 원활하지 않고, 드론(UAV)보다는 과거 RC에 맞게 구성이 되어 있어 최근에는 eCalc를 주로 사용한다.

앞에서 언급한 신속한 업데이트, PC에 설치할 필요가 없는 온라인 접속 방식 외에도, eCalc가 갖고 있는 또 다른 장점은 한글화이다. 사실 필자가 처음 접했을 때만 해도 한글화가 되어 있지 않아 다소 불편했었다. 아마도 eCalc의 한글화 시도에는 필자도 어느 정도 중요한 역할을 하지 않았나 생각한다. 필자의 드론 관련 강의, 기고 시의 추천으로 인한 한국에서의 갑작스런 페이지뷰와 가입 증가로 한글화를 시도하지 않았을까 추측해 본다. 개인적으로는 본 책에 수록하기 위한 저작권 동의 요청에 기꺼이 허락해준 스위스의 마루쿠스 뮬러(Markus Mueller)의 공유와 협력 정신도 위에 언급된 장점 외에 $+, \alpha$ 가 되리라 생각한다. 이 책을 빌어 감사의 마음을 전한다.

이후 장에서 소개할 멀티위 드론 DIY에서 사용할 250 드론 기체 사양을 갖고 eCalc 프로그램으로 추진력을 계산해 보았다. 모터, 프로펠러, ESC, 배터리 정보 등을 입력하고 계산 버튼을 누르면 짧은 시간 안에 본인이 생각하는 드론이 어느 정도의 추진력과 효율을 낼 수 있는지 확인해 볼 수 있다.

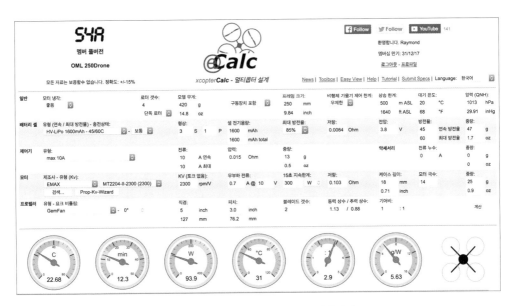

[그림 5-2] eCalc의 OML 250 드론 입력 화면

아래는 eCalc 입력 정보이다.

입력 구부	입력 데이터			
일반 정보	모터 냉각 상태 : 좋음	로터 개수 : 4개	모델 무게 : 420g	프레임 크기 : 250	상승 한계 : 500m ASL
					대기온도 : 20°C
		로터 형태 : 단독	무게 구분 : 구동장치 포함	비행체 기울기 한계 : 무제한	대기압 : 1023 hPa
배터리셀	유형 : Lipo 1600mAh-45/60C		형상 : 3S 1P		
제어기 (ESC)	유형 : 최대 10A		액세서리	없음	
모터	제조사 : EMAX		유형(kv) : MT2204-2300		
프로펠러	종류 : Gemfan	직경 : 5인치	피치 : 3.0인치	블레이드 개수 : 2개	

[표 5-2] eCalc의 주요 입력 정보 요약

일반 정보는 모터의 냉각 상태, 로터의 수와 형태, 프레임의 크기, 비행체의 기울기 한계, 상승 한계, 대기 정보로 구분되어 있다.

① 모터의 냉각 상태는 오픈되어 있는 상태에서 모터 마운트 위에 모터가 위치한 경우로 프로펠러에 의한 하방의 바람에 직접 노출되므로 '좋음' 상태로 설정하였다. 과거 DJI의 팬텀 기종은 모터가 프라스틱 케이스에 의해 감싸져 있어 모터 냉각 상태가 좋지 않았다. 최근의 기종은 개선되었다.

② 로터의 개수는 쿼드콥터이므로 '4'개를 선택해 주었고, 로터의 형태는 '단독' 형태를 선택해 주었다. 참고로 로터의 형태는 하나의 축에 하나의 모터가 위치한 난독(Flat) 형태와 하나의 축에 위, 아래 두 개의 모터가 배치된 동축(Coaxial) 형태가 있다. 동축 타입은 주로 큰 중량을 들어 올리는 기체에 많이 사용되고, 단축 형태보다 일반적으로 효율이 좋지 않다.

③ 모델의 무게는 구동 장치를 포함하여 '420g'을 입력해 주었다. 구동 장치를 포함한 무게는 배터리, ESC 등을 포함한 총중량(AUW, All-up-weight)을 의미한다. 배터리를 미포함해서 계산할 수도 있다.

④ 프레임의 크기는 축간 대각선 거리로 '250mm'를 입력해 주었다. 비행체의 기울기 한계는 드론의 비행 시 기울기 각도(Tilt angle)를 제한해 준 경우에 그 각도를 입력하게 되어 있다. 여기서는 특별한 각도를 제한하지 않았으므로 '무제한'으로 설정하였다. 과거 멀티위의 앵글 모드의 최대 기울기 각은 양방향으로 50도로 제한되었지만 최근에는 앵글 모드와 애크로 모드가 결합된 호라이즌 모드를 주로 사용하므로 기울기 한계를 무제한으로 해주었다. 호라이즌 모드는 평소에 앵글 모드로 비행하다가 조종 스틱의 값이 최댓값이 가까우면 애크로 모드로 전환되는 일종의 하이브리드 모드이다.

⑤ 나머지 '상승 한계(비행고도)', '대기온도', '대기압'은 공기의 밀도와 무게와 관련되어 있다. 즉, 고도와 대기온도, 대기압은 직접적으로 드론의 추진력에 영향을 준다. 일례로, 겨울에 달리기를 하면 얼굴에 공기의 무게가 크게 느껴지지만 여름에는 그렇지 않다. 마찬가지로 드론을 겨울에 날리는 것은 평소보다 더 많은 추진력을 발생시킨다. 아래 참고에 대기압, 밀도, 온도, 고도가 항공기에 미치는 영향을 간단히 정리하였다. *상승 한계 ASL은 해수면위(Abobe Sea Level)의 약자이다.

※ 대기압과 밀도, 온도, 고도의 항공기 추진 효율에 미치는 영향

대기압은 기상 변화의 기본적인 요소들 중의 하나로 항공기가 부양하는 데 중요한 기능을 한다. 공기는 가볍지만 질량(Mass)을 가지므로 중력의 영향을 받고 다른 물질들처럼 무게(Weight)를 갖는다. 그리고 무게를 가지고 있으므로 힘(Force)을 가지고 있고, 공기는 유체이므로 모든 방향에서 힘을 동일하게 발휘하게 되며 이때 공기 속에 놓여 있는 물체에 미치는 영향을 압력(Pressure)이라고 한다. 해수면(Mean Sea Level)에서 표준 대기표의 경우엔 '표준 대기'의 기압은 29.92(inHg), 1013.2(hPa), 섭씨 15도, 화씨 59도라고 한다.

밀도는 온도가 일정하다면 기압에 비례한다. 기압이 일정하다면 온도가 올라갈 때 밀도는 감소한다. 즉, 공기의 온도는 밀도에 반비례한다. 하지만 아래 '표준 대기표'처럼 실제 대기에서 온도와 기압은 고도가 올라감에 따라 동시에 감소한다. 즉, 기압과 온도가 밀도(Density)에 미치는 영향은 서로 상충된다. 그러나 고도가 상승함에 따라 밀도가 보다 신속하게 감소하므로 밀도가 떨어지게 된다.

기압(inHg)	고도(Feet)	온도(섭씨)	밀도(lbs/ft^3)
29.92	0	15.0	0.076
28.86	1000	13.0	0.074
27.82	2000	11.0	0.072
26.82	3000	9.1	0.070
25.84	4000	7.1	0.068
24.89	5000	5.1	0.066
23.98	6000	3.1	0.064
23.09	7000	1.1	0.062
22.22	8000	-0.9	0.060

표준 대기표(일부)

공기의 밀도(Density)는 프로펠러의 성능에 큰 영향을 미친다. 프로펠러는 회전하는 프로펠러를 통해 가속되는 공기의 질량과 비례하여 추력(Thrust)을 생성한다. 공기의 밀도가 낮다면 프로펠러의 효율은 감소하게 된다. 공기의 밀도가 낮아지면 출력, 추력, 양력에 미치는 영향을 정리하였다.

출력(Power) 저하	프로펠러로 유입되는 공기의 양이 감소
추력(Thrust) 저하	옅은 공기로 프로펠러의 효율 감소
양력(Lift) 저하	옅은 공기가 에어포일(Airfoil)을 통과하면서 힘이 감소

공기 밀도 저하 시 출력, 추력, 양력에 미치는 영향

구동 장치는 배터리, 제어기(ESC), 모터를 포함한다. 배터리, 제어기, 모터의 무게는 자동으로 표시된다.

① 배터리 정보는 배터리의 용량과 방출량을 함께 선택해 주게 되어 있고, 셀수와 셀이 병렬로 포장된 수를 나타낸다. 250 드론에 가장 많이 사용되는 1,600mAH 용량에 3셀(3S) 1P 배터리를 선택해 줬고, 45C 방출량을 선택해 주었다.

② 전자변속기 또는 제어기(ESC)는 브랜드와 전류 숫자가 함께 표기된 리스트 중에 선택하게 되어 있는데 목록 데이터베이스에 없는 ESC는 최대 사용 전류(MAX**A)의 형태로 목록에서 선택하게 되어 있다. EMAX ESC는 별도로 목록에 없어, MAX10A를 선택해 주었다.

③ 모터는 제조사 브랜드와 호칭(모터사이즈 4자리 - 모터 회전수)을 목록에서 선택해 주면 된다. 만약 본인이 사용하는 모터가 선택 목록에 없다면 모터 극수를 고려하면서 유사한 모터를 선택해 준다. 여기서 EMAX사의 MT2204 - 2300kv가 목록에 있어 선택해 줌에 따라 무부하 전류, 15초 지속 한계, 저항 등의 정보가 자동으로 표시된다.

④ minimOSD, 비디오카메라 등과 같은 액세서리를 사용하고 있다면 전류 누스(사용량)와 중량을 별도로 기재해 준다. 본 250드론 사례는 특별한 액세서리를 가정하지 않으므로 공란으로 두었다.

마지막으로 프로펠러 관련 항목을 입력한다. 프로펠러는 제조사마다 특성과 사양이 다양하고 오랫동안 개발되어야 하는 매우 아날로그적인 영역이다. 실제로 산업용 송풍기나 풍력발전기, 비행기, 선박의 스쿠류에 사용되는 프로펠러는 산업화 초기부터 오랜 시간 동안 시행착오를 거쳐 개발되어 왔기 때문에 국내에서도 기술 자립이 특히 어려운 영역이라고 한다. 여기서는 가장 일반적인 잼판(Gemfan)이라는 브랜드를 선택했고, 5030사이즈를 선택했다. 즉 직경이 5인치이고 피치가 3.0인치이다. 날개(Blade)의 개수는 2개를 선택하였다. 피치와 날개의 개수는 사용 전류와 추진력에 큰 영향을 미치므로 신중해야 한다.

입력 항목을 다 입력하였으면 이제 '계산' 버튼을 눌러 시험 문제의 답안을 맞추어 보는 심정으로 성능 데이터와 그래프를 확인할 차례이다. 1,600mAH 배터리를 사용하여 혼합비행으로 약 7분간 비행할 수 있고, 호버링으로는 최대 12분간 비행을 하는 것으로 계산되었고 이때 모터 효율은 84%로 나쁘지 않다.

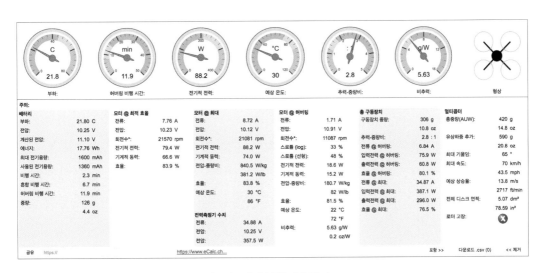

[그림 5-3] 추진력 계산 결과

위 그림의 추진력 계산 결과는 주요 지표를 워룸의 계기판처럼 보이게 배치하여 한눈에 주요 지표들이 눈에 들어오게 배치했고, 아래에는 상세한 계산 수치를 표시하였다. 계기판의 녹색은 양호한 상태이고 노란색은 빈약한 상태, 붉은색은 사용할 수 없는 상태이다.

① 부하는 배터리에 입력한 방출량(C)에 대비한 사용 방출량으로 녹색은 지속 사용 가능한 방출량을 의미하고, 노란색은 피크 상태의 방출량을 의미하고, 붉은색은 사용 한계를 초과한 방출량이다. 배터리의 방출량이 21.8C로 지속 사용 방출량(Contionous C)의 범위인 45보다 낮은 양호한 상태이다.

② 하버링 비행시간은 11.9분으로 다소 개선이 필요한 상태이지만, 전체 중량에서 구동 장치의 중량이 큰 작은 사이즈의 드론임을 고려하면 그리 나쁘지 않은 상태이다. 하지만 250급에 호버링만 하지는 않으므로 약 7분의 혼합 비행시간을 고려하면 무게를 줄이는 노력이 필요할 것 같다.

③ 전기적 전력은 모터의 최대 사용 전력이 88.3W로 여유가 있다.

④ 모터에 발생하는 예상 온도는 30℃로 위험 온도에 비해 여유가 있다.

⑤ 추력 - 중량비(Weight - Thrust)는 이륙 시 필요한 2 이상인 2.8로 충분한 힘을 갖도록 설정이 되었다.

⑥ 비추력은 프로펠러가 1와트당 내는 추진력을 그램 단위로 계산한 것이다. 6g 이상은 양호한 추진력이다. 결과는 5.63g으로 다소 빈약하지만 사용할 만한 상태이다.

[그림 5-4]는 계산한 값을 바탕으로 eCalc에 나타난 그래프이다. 상단의 범위 예측기 그래프는 비행시간과 비행 속도, 비행 거리와 비행 속도의 관계를 나타낸다. 계산 결과에 따르면 10km 이하의 속도로 호버링을 한다면 약 12분 가까이 비행이 가능하다. 약 40km 정도로 비행한다면 약 7~8분 정도 비행이 가능하다. 만약 평균 70km가 넘는 드론 레이싱을 한다면 비행시간이 길어야 3분을 넘기 힘들 것이다. 이 단계에 오면 정말 무게와의 싸움이 시작된다. 레이싱에 군이 필요 없는 GPS, 심지어 모터와 ESC를 연결해 주는 골드플러그(커넥터)도 사치이므로 납땜으로 대신한다. 최대 비행 반경은 시속 40Km 부근에서 결정된다.

두 번째 그래프는 최대 스로틀에서의 모터 특성을 나타낸다. 여기서 가장 중요한 점은 원으로 표시된 최대 스로틀 지점의 사용 전류가 ESC 최대 전류인 10A 이하여야 모터나 변속기에 이상이 발생하지 않는다. 그래프에 따르면 약 9A에서 90W의 전력을 사용하고 모터 효율은 83% 정도를 낸다. 모터 케이스의 온도는 약 30℃ 정도 되고 분당 회전수(RPM)는 손실률을 고려하지 않을 경우 약 23,000 RPM(10V * 2300kv) 정도를 예상할 수 있다.

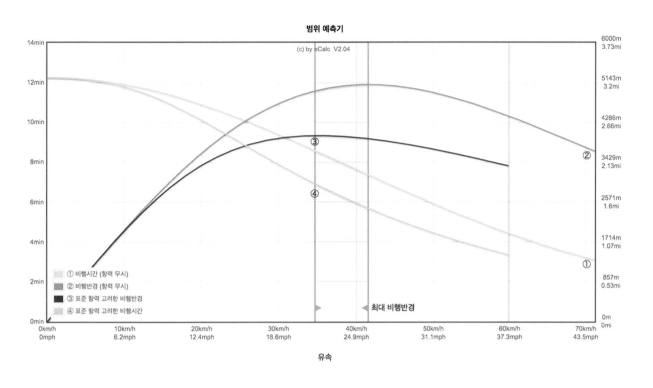

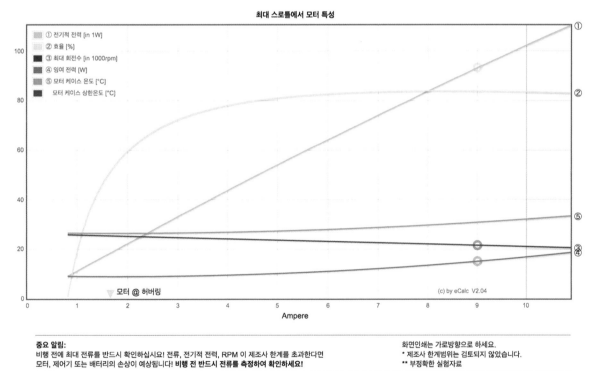

중요 알림:
비행 전에 최대 전류를 반드시 확인하십시오! 전류, 전기적 전력, RPM 이 제조사 한계를 초과한다면
모터, 제어기 또는 배터리의 손상이 예상됩니다! **비행 전 반드시 전류를 측정하여 확인하세요!**

화면인쇄는 가로방향으로 하세요.
* 제조사 한계범위는 검토되지 않았습니다.
** 부정확한 실험자료

[그림 5-4] eCalc 입력 값에 따른 예상 비행 범위(상) 및 모터 특성(하) 그래프

eCalc 프로그램의 사용에 관한 좀 더 자세한 내용은 사이트에 있는 헬프 링크를 참조하자. (https://ecalc.ch/calcinclude/help/xcoptercalchelp.htm)

지금까지 eCalc를 통해서 추진력 설계를 해보았다. 경험한 것처럼, 매우 사용하기 편하고 시간을 절약해 주는 장점이 있다. 또한, 그래프와 요약 계산 결과를 보여줘 직관적으로 이해하기 쉬운 장점이 있다. 이러한 장점으로 드론 제작의 설계 초기에 짧은 시간 안에 이런저런 조합의 데이터를 넣어보면서 계산 결과를 확인해 보면, 설계에 대한 중대한 실수를 예방할 뿐만 아니라 본인이 생각하는 설계 방향이 옳은 것인지에 대한 판단을 조기에 할 수 있게 해준다.

eCalc의 이러한 장점에도 불구하고 100% 신뢰할 수는 없다. 계산 페이지에 언급한 것처럼 계산 결과는 +/- 15%라는 적지 않은 오차 범위를 갖고 있다고 한다. 그 이유는 상당수가 입력하는 입력 데이터에 기인한다고 할 수 있다. 제조사의 데이터에 기반한 선택 목록은 빠르게 변화하는 제품의 발전 단계를 따라가기 어려울 것이다. 또한, 설정과 같은 중요한 모든 요소가 다 고려됐다고 볼 수도 없다.

따라서 나머지 15%를 채우는 노력이 좀 더 정확한 설계를 위해서 필요할 것이다. 이를 위해서 다음 장은 드론의 설계 시 고려사항이라는 항목으로 위에 입력 항목들을 포함하여 드론 설계 시 중요 항목들을 차례로 좀 더 상세히 살펴볼 것이다.

5.3 드론의 설계 시 고려사항

eCalc를 통해서 대략의 추진력을 설계했지만 드론의 조립에 앞서 좀 더 상세한 설계를 위해서 드론의 목적과 드론의 사이즈 선택 방법과 이에 따라서 필요한 부품을 어떻게 선택하고, 선택된 부품이 적정한 추진력을 내는지에 대하여 알아보자.

사실상 드론의 설계 시 고려사항을 [그림 5-5]처럼 단계별로 구분하여 정리하였다.

목적을 고려하여 대략적인 기체와 중량을 계산하고, 이에 맞추어 추진력을 계산한 다음 여유 있는 추진력을 낼 수 있는 모터와 프로펠러, ESC, 배터리를 선정해 준다.

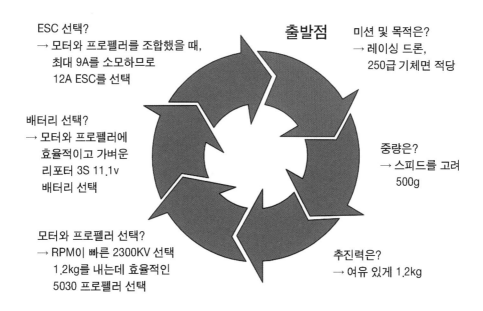

ESC 선택?
→ 모터와 프로펠러를 조합했을 때,
  최대 9A를 소모하므로
  12A ESC를 선택

배터리 선택?
→ 모터와 프로펠러에
  효율적이고 가벼운
  리포터 3S 11.1v
  배터리 선택

모터와 프로펠러 선택?
→ RPM이 빠른 2300KV 선택
  1.2kg를 내는데 효율적인
  5030 프로펠러 선택

출발점

미션 및 목적은?
→ 레이싱 드론,
  250급 기체면 적당

중량은?
→ 스피드를 고려
  500g

추진력은?
→ 여유 있게 1.2kg

[그림 5-5] 드론의 설계시 단계별 고려 사항 예시

5.3.1 목적에 따른 기체의 사이즈 선택

드론을 처음 제작할 때 가장 중요하게 생각하는 것이 아마도 드론을 만드는 목적일 것이다. 다르게 말하면 드론이 수행하는 미션에 따라 고려해야 하는 것이 달라지는 것이다. 단순히 고글을 쓰고 레이싱을 즐기고 싶다면 굳이 450급 사이즈의 중형 쿼드 콥터를 만들 필요가 없을 것이다. 200~250급이면 충분할 것이다. 또한, 250급 레이싱을 즐길 목적으로 드론을 만드는 데 APM 보드나 픽스호크(PixHwak) 같은 값비고 상대적으로 사이즈가 큰 FC를 사용할 필요도 없을 것이다. 이와 같이 드론을 만들 때 목적과 밀접히 고려해야 할 것이 드론의 사이즈와 드론의 플랫폼이다.

먼저 드론의 사이즈 선택에 앞서 이해를 돕기 위해 드론의 사이즈 선택의 트랜드에 대하여 간단하게 설명하겠다. 드론의 사이즈는 날개가 네 개인 쿼드콥터를 기준으로 왼쪽 앞날개의 모터 축에서 오른쪽 뒷날개의 모터 축 간의 거리로 mm로 표시한다.

몇 년 전만 해도 쿼드콥터형 드론을 처음 DIY하면 450급 드론을 만드는 게 일반적이었다. 즉, 드론의 표준이 450급이었다고 말할 수 있는 것이다. 하지만 요즘은 250급이 대세이다. 가장 큰 이유는 아마도 레이싱 드론의 대중화에 기인할 것이다.

450급 드론은 프로펠러의 크기를 고려하면 상당한 사이즈로 느껴지고, 처음 만들 경우 굉음을 내며 돌아가는 프로펠러를 보면 위험해 보이기도 한다. 사실 250급 레이싱 드론의 확산 이면에는 기술적 진보도 중요한 역할을 한다. 5~6년 전만 해도 작고 저렴하고 일체화된 FC가 별로 없던 시절이라, 250급의 작은 기체에 보드를 얹고 배선을 하려면 어려움이 많았다. 일례로 MultiWii 초기 컨셉을 보면, 아두이노 프로미니에 게임기 Wii에서 뜯어낸 부품인 모션 플러스(Motion Plus)와 눈차크(Nunchuk)의 회로를 아두이노 프로미니와 함께 회로기판에 고정시키고 복잡하게 납땜을 하는 게 보편적이어서 현재의 250급 프레임에 앉히기는 좀 큰 상태였다. 또 다른 이유는 기체의 체감 안정성이다. 일반적으로 450급 드론이 250급 드론보다 조종하기가 쉽다. 그 이유는 아무래도 기체의 사이즈가 작으므로 작은 각속도의 변화에도 크게 반응하는 것 같다. 하지만 최근에는 이러한 점들을 극복할 수 있는 안정화 알고리즘, 센서들의 발전으로 250급 드론도 450과 같이 잘 날 수 있게 만들었다. 하지만 드론의 주 사용 미션이 짐벌을 통한 촬영이나, GPS 기반 자율 비행을 수행하거나, 물체를 운반할 목적이라면 그에 맞게 기체 사이즈도 커져야 한다.

5.3.2 기체 총중량의 추정과 추진력 추정

드론 제작의 목적이 정해지면 정확하지는 않지만 대략적인 기체의 중량을 추정할 수 있다. 일례로 250급 레이싱 드론이라고 하면, 구글링 해보면 대략 300g~500g 사이의 중량이라는 것을 알 수 있다. 여기에 간단한 FPV 카메라나 송수신기를 추가한다면 추가되는 부품의 중량을 추정하면 기체의 총중량(AUW)을 대략 추정할 수 있다. 이 추정된 기체의 총중량이 최소한도로 필요한 추진력을 결정한다. 기체의 총중량이 600g이라고 하면, 기체의 최소 추진력은 앞서 설명한 경험칙에 따라 기체 총중량의 2배 이상이어야 하므로 1.2Kg 이상이 되어야 원활한 이류이 가능할 것이다.

※ AUW는 'All-up-weight'의 약자로서 비행기의 지상 또는 항공 운행 중에 비행기의 총중량을 나타내는 용어로 AGW(Aircraft gross weight)이라고도 한다.

5.3.3 모터와 프로펠러의 선택

대략의 목적과 드론의 중량 및 그에 따른 추진력이 정해지면 이제는 그 추진력을 내는 데 필요한 모터와 프로펠러를 선택해야 한다.

일반적으로 드론은 배터리를 사용하므로 DC 모터를 사용하고 있고 브러시 모터 (Brushed Motor)보다 효율적이고 내구성이 좋은 브러시리스 모터(Brushless Motor)를 주로 사용한다. 브러시 모터는 브러시와 커뮤테이터의 마찰을 통해서 전원을 공급함으로써, 마찰로 인한 전압의 손실과 파손 등의 문제점을 갖고 있는 반면, 브러시와 커뮤테이터가 없는 브러시리스 모터는 마찰로 인한 손실이 발생하지 않는다.

마지막으로 상대적으로 브러시리스 모터가 더 작으면서 파워가 있는 이유는 코일이 모터 내부의 바깥쪽에 위치하여 코일이 모터 축에 위치한 브러시 모터보다 같은 공간에 더 많은 코일을 감을 수 있는 공간이 있기 때문이다.

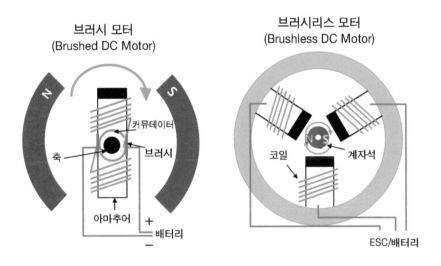

[그림 5-6] 브러시 모터와 브러시리스 모터의 구조 비교

이제 모터의 종류를 선택하였으면, 드론의 구동부를 설정할 때 기본적으로 알아야 하는 모터의 호칭에 대하여 아래에 설명하였다.

※ 모터의 호칭 : 2204-2300KV

| 22 | 04 | – | 2300 | KV |

- 첫 번째 번호[22]: 모터 고정자의 지름(mm)
- 두 번째 번호[04]: 고정자의 높이(mm)
- 세 번째[2300]: 1Voltage 당 회전수

여기서 KV는 모터의 물리적 구성에 의해 결정되는 모터 상수이고, 여기에 입력 전압을 곱해 주면 RPM(분당 회전수)이 된다. 즉, 2300*11.1v = 25,530 RPM

이 산식에 의한 RPM은 무부하 제로로 손실을 가정한 최대 RPM이고 실제로, 프로펠러를 설정하고, 손실을 고려한 RPM은 최대 RPM의 70%~80% 대가 된다고 한다.

∵ 모터에 대하여 더 자세히 알고싶다면 http://www.theampeer.org/Kv/kv.html 사이트에 수록된 "Electric Motor Kv or RPM/volt"를 읽어보면 도움이 될 것이다.

기타 고려해야 할 사항은 와트(Watt = Voltage * Ampere), 모터의 사용 전압(Voltage), 모터의 사용 전류(Ampere), 모터의 중량(Weight) 등을 고려해야 한다. 일반적으로 와트(Watt)가 높은 모터는 모터가 크고 중량이 많이 나간다. 따라서 드론의 전체 중량을 고려하여 조합을 선택해야 한다. 모터에 사용되는 전압은 리포배터리의 셀수를 결정하고 FC, 짐벌, FPV 카메라 등이 모터와 상이한 입력 전압을 갖는다면 별도의 배전반에 대하여 고려해야 한다. 일례로, 입력 전원을 6셀 22.2V로 결정하였다면, FC(5V 필요)와 FPV 카메라(12V 필요)에 안정적인 입력 전원을 공급해 주기 위해 5V, 12V 두 개의 정류회로가 있는 배전반이 필요하게 된다. 물론 전체 무게도 증가된다. 반면 11.1v의 배터리를 사용한다면 5V UBEC이면 충분할 수도 있다.

DC 모터의 타입을 선택하고 기초적인 모터 명칭을 숙지하였으면 이제 본격적으로 드론이 필요로 하는 추진력을 낼 수 있는 드론의 모터와 프로펠러 조합을 찾을 수 있다.

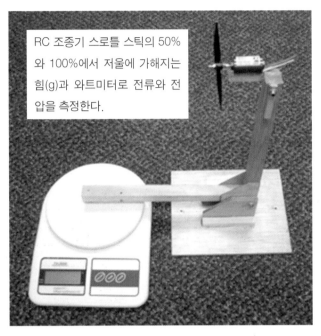

RC 조종기 스로틀 스틱의 50%와 100%에서 저울에 가해지는 힘(g)과 와트미터로 전류와 전압을 측정한다.

[그림 5-7] RC계의 일반적인 추진력 계산 방법

항공기 개발 회사에서는 실험실에서 거대한 풍동을 갖추어 놓고 프로펠러와 엔진을 가동하여 발생하는 기체의 힘을 기압계를 통해서 측정하며 과학적인 추진력 계산을 할 수 있을 것이다. 하지만 RC 마니아 집단에서 시작된 추진력 계산의 일반적인 방식은 두 가지가 있다.

첫째, [그림 5-7]처럼 프로펠러가 장착된 모터를 ESC에 연결하고 송신기의 스로틀 스틱이 50%일 때와 100%일 때의 모터가 회전하면서 발생하는 추진력을 저울로 재는 것이다. 이때, 와트미터로 전류와 전압을 함께 측정하면 추진력(g) 대비 효율적인지 판단을 할 수 있다. 얼핏 보기에 웃음을 자아내게 보일 수 있지만 다소의 공기 저항과 기계적 마찰에 의한 손실을 고려하면 정확한 값을 측정할 수 있다.

두 번째, RC 분야의 모터의 제조사들은 자사의 모터와 프로펠러 사양과 입력 전원을 고려한 추진력(Thrust) 값을 계산하여 제공하고 있다.

위 두 가지 방법을 사용하여 가장 추진력이 높으면서 가장 낮은 파워를 사용하는 효율적인 조합을 찾아낸다. 아래 테이블은 코브라사의 2204~2300Kv 모터의 추진력 테이블이다. 프로펠러 사이즈와 배터리 입력 전원에 따른 추진력(Thrust)을 테이블에 보여 주고 있다. 먼저, 모터 한 개의 조합을 나타내므로 테이블에 나온 추진력에 4를 곱하면(쿼드콥 터일 경우) 전체 추진력을 추정할 수 있다. 추진력 표에는 파란색, 녹색, 노란색, 붉은색으로 프로펠러와 전압의 조합이 적절한지를 쉽게 알 수 있도록 시각적으로 표시해주었다.

출처 : 코브라사 사이트

Cobra CM-2204/28 Motor Propeller Data

Magnets 14-Pole	Motor Wind 28-Turn Delta		Motor Kv 2300 RPM/Volt		No-Load Current Io = 0.66 Amps @ 10v		Motor Resistance Rm = 0.084 Ohms		I Max 17 Amps	P Max (3S) 190 W
Stator 12-Slot	Outside Diameter 27.0 mm, 1.063 in.		Body Length 14.2 mm, 0.559 in.		Total Shaft Length 32.5 mm, 1.146 in.		Shaft Diameter 3.00 mm, 0.118 in.		Motor Weight 24.6 gm, 0.87 oz	

Test Data From Sample Motor		Input Io Value	6.0 V 0.50 A	8.0 V 0.58 A	10.0V 0.66 A	12.0V 0.74 A	Measured Kv value 2190 RPM/Volt @ 10v		Measured Rm Value 0.084 Ohms	

Prop Manf.	Prop Size	Li-Po Cells	Input Voltage	Motor Amps	Input Watts	Prop RPM	Pitch Speed in MPH	Thrust Grams	Thrust Ounces	Thrust Eff. Grams/W
APC	5.25x4.75-E	3	11.1	16.14	179.2	18,222	82.0	481	16.97	2.68
APC	5.5x4.5-E	3	11.1	16.78	186.3	18,069	77.0	500	17.64	2.68
APC	6x4-E	3	11.1	18.04	200.2	17,530	66.4	673	23.74	3.36
FC	5x4.5	3	11.1	10.58	117.4	20,222	86.2	474	16.72	4.04
FC	5x4.5x3	3	11.1	15.05	167.1	18,618	79.3	578	20.39	3.46
FC	6x4.5	3	11.1	18.61	206.6	17,230	73.4	762	26.88	3.69
GemFan	5x3	3	11.1	8.00	88.8	21,190	60.2	431	15.20	4.85
GemFan	5x3x3	3	11.1	9.21	102.2	19,869	56.4	421	14.85	4.12
HQ	4x4.5-BN	3	11.1	9.14	101.5	19,478	83.0	355	12.52	3.50
HQ	5x3	3	11.1	5.74	63.7	20,381	57.9	330	11.64	5.18
HQ	5x4	3	11.1	8.39	93.1	19,705	74.6	431	15.20	4.63
HQ	5x4x3	3	11.1	11.61	128.9	18,680	70.8	535	18.87	4.15
HQ	5x4.5-BN	3	11.1	14.46	160.5	17,669	75.3	565	19.93	3.52
HQ	6x3	3	11.1	8.97	99.6	19,516	55.4	496	17.50	4.98
HQ	6x4.5	3	11.1	16.94	188.0	16,673	47.4	717	25.29	3.81

Prop Manf.	Prop Size	Li-Po Cells	Input Voltage	Motor Amps	Input Watts	Prop RPM	Pitch Speed in MPH	Thrust Grams	Thrust Ounces	Thrust Eff. Grams/W
GemFan	5x3	4	14.8	9.19	136.0	23,777	67.5	547	19.29	4.02
HQ	4x4.5-BN	4	14.8	13.35	197.6	23,754	101.2	543	19.15	2.75
HQ	5x3	4	14.8	7.97	118.0	24,331	69.1	480	16.93	4.07
HQ	5x4	4	14.8	11.85	175.4	23,437	88.8	652	23.00	3.72
HQ	5x4x3	4	14.8	16.64	246.3	22,648	85.8	800	28.22	3.25
HQ	5x4.5-BN	4	14.8	20.51	303.5	21,186	90.3	813	28.68	2.68
HQ	6x3	4	14.8	13.53	200.2	23,487	66.7	768	27.09	3.84

Propeller Chart Color Code Explanation

The prop is to small to get good performance from the motor. (Less than 50% power)

The prop is sized right to get good power from the motor. (50 to 80% power)

The prop can be used, but full throttle should be kept to short bursts. (80 to 100% power)

The prop is too big for the motor and should not be used. (Over 100% power)

[표 5-3] 코브라사의 모터 추진력 테이블(thrust table)

5.3.4 프로펠러의 선택 및 구분

모터와 프로펠러의 선택으로 대략의 추진력을 계산했으면 좀 더 세부적으로 프로펠러를 검토해야 한다. 프로펠러의 종류는 프로펠러의 재질, 날개의 개수, 사이즈에 따라 주로 구분되고 제조사에 따라 다른 특성을 나타내기도 한다.

(1) 프로펠러의 호칭 및 원리

일반적으로 드론의 프로펠러는 제조사명과 회전 방향 사이즈를 나타내는 간단한 호칭으로 구분한다. 아래는 250급 사이즈의 프로펠러로 많이 사용되는 5인치 지름과 3인치 피치를 갖는 Gemfan CW 5030 프로펠러 호칭 번호를 설명하였다.

첫 번째 박스의 Gemfan은 제조사를 나타낸다. 프로펠러는 개발하는 데 오랜 시행착오가 필요하므로 각각의 브랜드별로 프로펠러 제품은 고유한 특성을 나타낸다. 두 번째 박스의 [CW]는 시계 방향(Clock-wised)을 나타내고 [CCW]는 시계 반대 방향(Counter-clock-wised)를 나타낸다. 통상 쿼드콥터는 두 개의 서로 반대 방향의 프로펠러가 회전함으로써 기체가 회전하는 회전력을 상쇄시킨다. 세 번째 박스의 숫자 [50]은 프로펠러의 지름(길이)을 Inch 단위로 나타낸다. 네 번째 박스의 숫자 [30]은 프로펠러가 1회전 시 나선형으로 진행한 거리(Pitch)를 1/10 Inch 단위로 나타낸다. 피치(Pitch)는 나사에서 차용된 용어로 나사산과 나사산 사이의 거리, 즉, 나사가 한 바퀴 회전 시 이동하는 거리를 나타낸다.

※ 피치 사이즈인 [30]은 3.0인치를 의미하나 관례로 콤마(.)를 제외하고 표시한다.

[그림 5-8]은 피치의 크기에 따른 나사와 비행기의 프로펠러의 회전에 따른 이동 거리를 비교하여 보여 주고 있다. 프로펠러 지름이 10인치이고 피치가 8인치인 1080 프로펠러와 프로펠러 지름이 10인치로 동일하고 피치가 절반인 4인치인 1040 프로펠러를 비교하였다. 프로펠러 지름이 동일하므로 동일 1080 프로펠러가 회전 시 이동거리가 1040 프로펠러의 두 배를 이동한다.

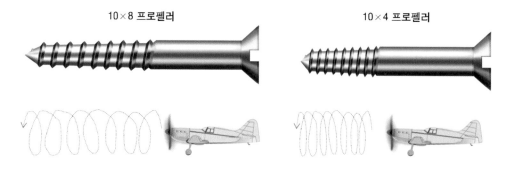

[그림 5-8] 피치의 개념

(2) 프로펠러의 종류

프로펠러의 재질은 전통적인 나무부터 저렴한 프라스틱, 가볍고 견고한 카본이 주로 사용된다. 일반적인 취미용 드론의 프로펠러에는 주로 프라스틱의 재질을 사용하나 가격보다 무게가 중요한 레이싱 또는 대형 기체에는 카본 파이버 재료를 주로 사용한다.

재질	장점	단점
나무	- 가장 가벼움 - 카본보다 저렴함 - 추락 시 모터에 충격이 덜감 - 프라스틱보다 견고함 - 외관상 보기가 좋음	- 가장 충격에 약함 - 다소 고가임 - 고 RPM에서 사용하기 어려움 - 습도, 기온 등 보관에 주의
프라스틱	- 가벼움 - 가격이 저렴 - 비행시간과 추진력이 카본보다 다소 좋음	- 일반적으로 발란싱이 필요 - 추락 및 충격 시 쉽게 파손됨
카본	- 진동과 소음이 적음 - 가장 견고하여 파손이 잘 안 됨 - 일반적으로 발란싱이 되어 있음 - 무게가 프라스틱보다 가벼움 - 높음 RPM에서 성능이 좋음 - 반응성이 좋음 - 항공 촬영 시 젤로 효과가 적음	- 프라스틱보다 낮은 추진력 - 고가임 - 비행시간이 짧음 - 추락 시 모터에 충격이 더 심함

[표 5-4] 프로펠러의 재질에 따른 장단점 비교

프로펠러의 블레이드 수는 최근 중요한 고려 요소가 되고 있다. 호버링 중심으로 느리게 비행하는 드론은 낮은 피치의 2엽(Two blade) 프로펠러를 사용한다. 반면, 짧은 시간에 많은 추진력을 쏟아내야 하는 비행시간이 짧은 레이싱 드론은 이엽 프로펠러의 효율을 일부 포기하고 파워 있는 3엽(Three blade) 또는 4엽(Four blade) 프로펠러를 사용하기도 한다.

최근에 대형 드론에는 접이식 프로펠러(Foldable propeller)를 많이 사용한다. 초기에 개발된 접이식 프로펠러는 RC 비행기의 이·착륙 시 프로펠러 파손을 막기 위한 시도였다. 대형 드론의 경우 접이식 프로펠러는 미션 수행을 위해 차량으로 드론을 싣고 가는 과정에서의 큰 사이즈의 프로펠러가 주는 번거로움을 줄여 주기 위해 개발된 프로펠러이다. 대형 기체에서 많이 사용되는 17인치 프로펠러를 사용한다면 약 1미터에 달하는 프레임 사이즈에 프로펠러의 길이를 고려하면 약 $1.5m^2$의 적재 공간을 필요로 하게 된다. 이때 접이식 프로펠러를 사용하면 약 $1m^2$의 적재 공간이면 충분하게 된다.

이엽(Two Blade) 프로펠러	3엽(Three Blade) 프로펠러	접이식(Foldade) 프로펠러

[그림 5-9] 다양한 프로펠러의 종류

(3) 프로펠러 사이즈 선택

프로펠러의 크기는 형태와 함께 위에서 논의된 모터 추진력 테이블에서 추진력을 고려하여 선정하는 것이 일반적이다. 하지만 초기 드론의 디자인 단계에서 드론 프레임의 크기와 매칭이 되는 프로펠러의 사이즈를 대략 알고 있으면 검색의 시간을 줄여줄 것이다. [표 5-5]는 다양한 소스를 통해서 정리한 '드론 프레임 크기 - 프로펠러 사이즈' 테이블이다. 프레임 사이즈가 클수록 쿼드, 헥사, 옥타 등 로터의 수와 함께 추진력이 결정되므로 선택의 폭이 넓다.

프레임 사이즈	프로펠러 사이즈	모터 사이즈	KV	비고
150mm 이하	3" 이하	1306 이하	3,000KV 이상	
180mm	4" 이하	1806 이하	2,600KV	
210mm	5" 이하	2204-2206	2,300-2,600KV	
250mm	6" 이히	2204-2208	2,000-2,300KV	
350mm	8" 이하	2208-2212	1,400-1,600KV	
450mm	8", 9", 10"	2212	820-1,000KV	
650mm	13", 14", 15", 16", 17"	3510-4822	340-600KV	

[표 5-5] 프레임 사이즈에 따른 프로펠러와 모터 조합

(4) 프로펠러 블레이드 수의 선택과 ESC 사양 선택

프로펠러 블레이드의 개수 선택이 ESC 사양 선택에 미치는 영향을 사례로 참고적으로 기술한다. 간혹 기존 2엽 프로펠러를 동일한 사이즈의 멋있는 3엽 프로펠러로 교체하고 비행한 결과 ESC를 태워 버리는 경험을 하는 동호인들이 종종 있다. 그 이유는 사이즈가 동일하더라도 말 두 마리가 끄는 마차와 말 세 마리가 끄는 마차의 힘의 차이를 비유하면 알 수 있을 것이다. 즉, 말 두 마리에 에너지를 공급하기 위한 정격 전류 12A의 ESC로는 말 세 마리의 에너지를 공급할 수 없는 것이다.

'250 사이즈의 드론을 만들려고 한다. 250급에 효율적이라는 12A ESC를 사용하려고 하는데 적당한 프로펠러는 어떻게 선택해야 할까?'

비슷한 사이즈의 프로펠러도 날개의 개수 또는 프로펠러의 타입에 따라 추진력과 필요한 입력 전류가 크게 달라질 수 있고, ESC의 사양(전류) 선택에도 영향을 미치므로 ESC의 사양표와 프로펠러 선택 시 모터 제조사에서 발표하는 추력(Thrust) 테이블을 참고해야 한다.

먼저 ESC의 사양표를 참조한다. [그림 5-10]의 EMAX 12A ESC는 2S(7.4V) - 3S(11.1V)의 리포 배터리를 사용 시 안정적으로 작동하는 연속 허용 전류(Continous current)가 12A이고 순간적으로 사용할 수 있는 최대 허용 전류(Burst current)가 15A 이다.

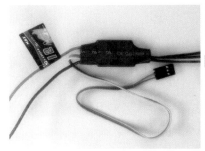

Item	Continuous Current	Burst current (10S)	Li-xx Battery (cell)	Dimension L×W×H(mm)	Weight (g) wires Included	BEC Mode	BEC Output	Programmable
Simon-6A	6A	8A	2	22×17×7	5	Linear	0.8A/5V	YES
Simon-12A	12A	15A	2-3	25×20×7	9	Linear	1A/5V	YES
Simon-20A	20A	25A	2-3	52×26×7	28	Linear	2A/5V	YES
Simon-25A	25A	30A	2-3	52×26×7	28	Linear	2A/5V	YES
Simon-30A	30A	40A	2-3	52×26×7	28	Linear	2A/5V	YES
Simon-30A-OPTO	30A	40A	2-6	54×25×7	30	--	--	YES
Simon-40A-UBEC	40A	50A	2-6	73×28×12	41	Switch	3A/5V	YES
Simon-60A-UBEC	60A	80A	2-6	73×36×12	63	Switch	5A/5V	YES
Simon-80A-UBEC	80A	100A	2-6	86×38×12	81	Switch	5A/5V	YES

[그림 5-10] EMAX 호환 12A Simonk 12A ESC 그림과 사양표

그리고 사용하고자 하는 프로펠러를 비교해 가며 모터-트러스트 테이블을 참조한다. 기존 2엽 프로펠러인 Gemfan 5030을 3엽 프로펠러인 DALPROP T5045으로 교체하는 것을 가정하자. Gemfan 5030은 EMAX 모터사가 공개한 추력 테이블에 포함되어 있어 12V 사용 시 사용 전류가 7.5A로 12A ESC에 무리를 주지 않고 안정적으로 사용될 수 있음을 알 수 있다. 반면에 교체를 고려하고 있는 3엽 DALPROP T5045는 EMAX 모터 제조사의 출력 테이블에 포함되어 있지 않아 실제로 프로펠러를 장착하고 모터를 회전시키면서 사용 전류를 측정해야 했다. 측정 결과는 12V 전압 사용 시 최대 22.5A의 전류를 사용하였다.

테스트 결과는 기존 12A ESC를 사용할 수 없다는 것을 알려준다. 3엽 DALPROP T5045 프로펠러를 사용하려면 ESC도 교체를 해줘야 한다. 무게에 민감한 레이싱 드론임을 고려한다면 무게를 줄이기 위해 OPTO ESC 선택을 위해 별도의 UBEC이 필요할지도 모른다.

Motor type 电机型号	The voltage 电压 (V)	Propeller size 桨尺寸	current 电流 (A)	thrust 推力 (G)	power 功率 (W)	efficiency 效率 (G/W)	speed 转速 (RPM)
MT2204 II - 2300KV	8	HQ5040桨	4.9	210	39.2	5.4	13840
		HQ6045桨	8.2	320	65.6	4.9	11300
		6030碳桨	6.4	240	51.2	4.7	11910
	12	5030碳桨	7.5	310	90.0	3.4	20100
		6030碳桨	11.5	440	138.0	3.2	16300
		HQ5040桨	8.4	390	100.8	3.9	19040
		HQ6045桨	13.2	530	158.4	3.3	14600

Motor type	Voltage	Prop size	Current	Thrust
2204-2300KV	12V	T5045	22.5A	560-570g

[그림 5-11] Gemfan 5030 2엽 프로펠라 출력 테이블(모터 제조사)과
DALPROP T5045 30엽 프로펠라 출력 테이블(실제 측정)

(5) 프로펠러 밸런스 잡기(Balancing)

　프로펠러에 대한 모든 중요한 선택이 끝나고 조립 단계에서 필요한 마지막 단계는 프로펠러의 밸런싱 작업이다. 밸런싱이란 회전체 질량의 중심이 회전체의 중앙에 위치하도록 회전체 무게 중심의 불균형을 잡아주는 작업이다. 간단히 말하며, 2엽 프로펠러를 가정하면 두 날개의 무게가 일치하게 해주는 작업이다. 필자의 경험상 일반적으로 250급 드론에 사용되는 프로펠러는 크게 영향을 미치지 않는다. 하지만 450급 이상에 사용되는 프로펠러는 반드시 밸런싱 작업을 수행해야 한다. 프로펠러에 밸런싱이 필요한 이유는 물리적으로 드론의 다른 구성품에 진동이 전달되어 좋지 않은 영향을 미칠 뿐만 아니라 무엇보다도 드론에 사용되는 정밀한 센서의 효과적인 작동에 악영향을 주기 때문이다.

　드론에 있는 정밀 센서, 특히 가속도계는 진동에 민감하다. 이를 방지하기 위해 FC 밑에 진동을 완충시켜 주는 고무 댐퍼를 두기도 한다. 이러한 진동의 중요한 원인 중 하나는 프로펠러의 언밸런스이다. 프로펠러의 언밸런스는 프레임의 진동을 유발하고 프레임의 진동은 다른 진동과 결합하여 비행 컨트롤러의 가속도계와 다른 센서에 영향을 준다. 결과적으로 비행 컨트롤러는 진동의 영향으로 효과적인 제어를 하지 못하게 된다.

　일반적으로 프로펠러 균형을 잡기 위해서는 오른쪽 그림처럼 간단히 밸런싱 툴을 구매할 수도 있고, 간단하게 왼쪽 그림처럼 주변

[그림 5-12] 드론 발란싱 작업 사례

에 있는 도구를 활용할 수도 있다. 위 그림처럼 프로펠러의 샤프트를 고정시켰을 때 어느 한 쪽으로 기운다면 검정 전기 테이프를 블레이드의 위쪽 면에 부착하여 균형을 잡아준다.

5.3.5 ESC의 종류 및 선택

추진력을 결정하는 모터와 프로펠러의 조합을 결정하는 과정에서 드론의 목표로 하는 추진력을 내는데 적합한 ESC가 결정된다.

500g의 250 쿼드콥터를 안정적으로 이륙시키기 위해 전체 추진력은 드론 총중량 (500g)의 두 배(1.0kg) 이상이 되어야 하므로 약간의 추가 중량을 생각하여 목표로 하는 추진력은 1.2kg으로 설정한다면, 모터 하나당 약 300g의 추진력을 발생시켜야 한다. 위에 모터 - 추력 테이블을 보면 12V, 5030 프로펠러가 310g의 추력을 내어 적당한 것으로 보인다. 이때 사용되는 전압이 7.5A이므로 연속 사용 전류가 12A인 ESC면 적합할 것이다. 물론 20A ESC로 사용이 가능하나 ESC의 용량이 커지면 무게도 증가하고 결과적으로 비행시간을 감소시키므로 적절한 ESC를 선택할 필요가 있다.

브러시리스 DC 모터(BLDC)의 속도를 제어하는 ESC(Eletronic Speed Controller)는 정류기(BEC, Battery Eliminate Circuit)의 유무에 따라 BEC이 없는 OPTO ESC와 BEC ESC로 구분된다. OPTO ESC는 별도의 UBEC(Universal Battery Eliminate Circuit)을 사용해야 한다. 최근엔 4개의 ESC를 하나로 구성해 쿼드콥터의 배선을 편리하게 만든 4in1 ESC도 출시되었다.

※ UBEC과 BEC은 배터리로부터 공급되는 전압과 전류를 FC, MCU, Camera 등 센서에 사용될 수 있게 안정적이고 신뢰할 수 있는 전압과 전류로 변환하여 제공하는 역할을 한다. 변환된 전류는 일반적으로 5V이고 전류는 1A~3A까지 다양하다. Pixhawk 비행 컨트롤에 GPS, 자동 랜딩기어, 옵티컬 플로우 등을 연결하여 사용한다면 일반적으로 안정적인 2A~3A 전류를 제공하는 UBEC을 필수적으로 사용하고, 비행 시 전류의 부족으로 인한 수신기 노콘을 예방하기 위해 수신기에 별도의 정류기를 추가로 장착하기도 한다.

OPT ESC	BEC ESC	4in1 ESC	UBEC
- BEC이 없어 가볍다. - BEC이 없어 저렴하다. - 별도의 UBEC이 필요하다.	- 별도의 UBEC이 필요 없다. - OPTO보다 무겁다. - ESC의 발열이 생기게 한다.	- 배선이 깔끔하다. - 4개의 ESC를 사는 것보다 저렴하다. - 한 개의 ESC만 고장나도 모두 사용할 수 없다.	- ESC의 BEC이 열을 발생시키는 데 반해 UBEC은 발열이 적다. - UBEC이 더 안전하고 효율적으로 전원을 공급한다.

※ OPTO는 전자공학에서 Optocoupler 또는 Optoisolator의 약어이다. Optocoupler는 빛(광학)의 형태로 신호를 ESC로 전달하여 수신기와 모터 사이에 직접적인 전기적 연결을 방지하여 모터의 간섭이 수신기로 전달되는 것을 방지한다. 최근에 BEC이 없는 저가 ESC를 OPTO ESC라고 하나 엄밀한 의미에서 Optocoupler가 없는 ESC는 OPTO ESC가 아니다.

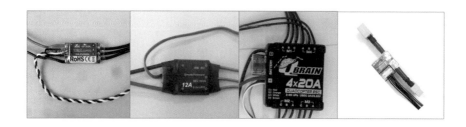

이제 목표로 하는 추진력에 적합한 ESC 사양(전압과 전류)을 결정하였으면 ESC의 브랜드와 BEC의 유무, 사용하는 펌웨어, 기능 등을 고려하여 구매해야 한다.

아래는 ESC의 선택 시 고려사항을 간단히 정리하였다.

① BEC 유무 : 일반적인 취미용 드론이라면 배선이 간편한 BEC ESC를 선택한다. 다양한 센서를 사용하고 안정적인 전원 공급을 원한다면, Opto ESC와 UBEC을 사용한다.
② 펌웨어 : 업계 표준이 되고 있는 오픈소스인 SimonK, BLHeLi 펌웨어를 사용한다면 최신 펌웨어로 업그레이드가 쉽다.
③ 최신 기능 : OneShot(향상된 ESC PWM 시그널 프로토콜) 지원, Active Braking(반응성 향상), H/W PWM(스무드함과 반응성 향상)

사례에서 스피드를 주목적으로 하는 가볍고 콤팩트한 250 레이싱 드론을 목표로 하므로 먼저 형태의 관점에서 BEC이 있는 ESC보다 가볍고 사이즈가 작은 Opto ESC를 선택할 것이다. 외형도 중요하지만 ESC의 성능을 결정짓는 것은 소프트웨어인 펌웨어이다. 과거 ESC는 브랜드별로 고유한 펌웨어를 사용하였지만, 최근에는 저가 ESC에는 오픈소스 계열인 사이몬.K(SimonK)나 비엘헬리(BLHeLi) 펌웨어를 많이 사용하고 있다. 완제품 드론을 사는 것이 아니고 스스로 드론을 MIY(Make It Yourself)하고자 하는 드론 메이커라면 오픈소스 펌웨어를 선택하는 것은 당연한 선택이다. 사이몬.K 펌웨어나 비엘헬리와 같은 오픈소스 펌웨어는 무료일 뿐만 아니라 펌웨어가 주기적으로 향상된 성능을 갖도록 업데이트된다. 또한, 오픈소스 ESC 펌웨어는 원샷(OneShot)과 같은 ESC용 새로운 PWM 프로토콜, 능동형 브레이크(Active Brake)와 같은 최신 기능들을 빠르게 경험해 볼 수 있다. Why Not?

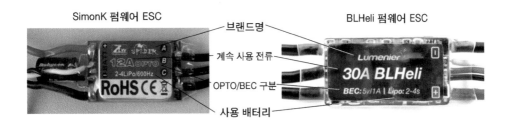

[그림 5-13] 시중에 판매중인 SimonK와 BLHeli 펌웨어 기반 ESC의 일반적인 표기 형태

※ 일반적으로 SimonK나 BLHeli 펌웨어를 사용하는 ESC는 외부에 인쇄되어 있다.

※ 오픈소스 ESC 펌웨어의 발전 현황

사이몬.K 펌웨어

사이몬.K 펌웨어는 캐나다 엔지니어인 사이몬 커비(Simon Kirby)에 의해 주로 멀티로터의 ESC용으로 개발되었다. 펌웨어는 ESC의 MCU를 제어하기 위한 소스코드이다.

이 펌웨어는 개발 당시 기존의 ESC 펌웨어에 비해 반응이 빠르고, 다루기 쉬었으며, 호환성이 좋아 멀티로터의 성능을 크게 향상시키는데 기여하였다.

초기에는 ATMEL 마이크로컨트롤러에 기반하여 개발되어 ATEMEL MCU에 기반한 ESC만 업그레이드가 가능했으나, 최근에는 SiLabs, Intel 8051 MCU에 기반한 ESC도 업그레이드가 가능하도록 개선되었다. 이 펌웨어는 오픈소스로 지속적으로 업데이트되고 있고 개인적으로 소스코드를 수정하여 맞춤 펌웨어를 만들 수도 있다. 사이몬.K 펌웨어 ESC는 일반적으로 사용되는 FC인 Open Maker Labe BoardV1, MultiWii SE, KK2.1.5, CC3D, NAZE32, APM2.5 등에 사용되고 있다. 하지만 EMAX ESC 등 일부 사이몬.K 펌웨어를 사용하는 ESC는 PX4, PixHawk FC와는 호환성 이슈가 있다.

비엘헬리 펌웨어

이름에서 알 수 있듯이 BLHeli 펌웨어는 노르웨이의 스테판 스칼(Steffen Skaug)에 의해 Blade mCP X라는 헬기를 위한 ESC용으로 개발되었다. 초기 버전은 헬기를 위해 개발되었지만, 멀티콥터의 발전과 함께 빠르게 발전되어 최근에는 사이몬.K 펌웨어와 함께 오픈소스 ESC를 대표하는 펌웨어가 되었다. 사이몬.K ESC 펌웨어가 초기에 ATMEL MCU에 기반하여 개발된 것에 비하여 BLHeli ESC는 SiLab MCU에 기반하여 개발되었다.

<u>사이몬.K와 비엘헬리 펌웨어 비교</u>

비엘헬리 펌웨어와 사이몬.K 펌웨어의 성능상 차이는 우월을 가리기 쉽지 않고 다소 선호의 문제일 수 있다. 하지만 최근 업데이트 주기를 고려하면 다소 비엘헬리가 앞섰다 할 수 있다. 일례로 원샷(OneShot) 기능과 능동형 브레이크(Active Braking) 기능을 비엘헬리가 먼저 도입하였다. 또 다른 장점은 사이몬.K 펌웨어가 ESC 켈리브레이션을 송수신기를 통한 매뉴얼 방식으로 수행하여야 하는 반면, 비엘헬리는 비엘헬리 수트 S/W를 통해 펌웨어를 플래싱할 수 있을 뿐만 아니라 ESC 켈리브레이션 설정, 모터의 회전 방향 변경을 GUI 형태의 PC 프로그램에서 변경할 수 있다.

비엘헬리 초기 펌웨어 버전은 SiLab 칩에서만 작동되었으나 최근에는 ATMEL 칩에서도 작동되도록 펌웨어가 업데이트되었다. 반면에 사이몬.K 펌웨어는 ATMEL 칩에서만 작동할 수 있다. 사이몬.K 펌웨어와 비엘헬리 펌웨어의 또 다른 차이는 펌웨어와 함께 공급되는 부트로더의 호환성 문제가 있다. 사이몬.K 부트로더는 사이몬.K와 BLHeli 펌웨어 둘다를 플래싱(Flashing) 할 수 있다. 반면에 BLHeli 펌웨어는 사이몬.K 펌웨어를 플래싱 할 수 없다.

<u>원샷 프로토콜(OneShot Protocol)</u>

ESC 프로토콜은 ESC와 컨트롤러 사이에 통신을 하는 프로토콜이고 PWM 방식을 사용한다. 원샷 프로토콜(125us-250us)은 기존의 느린 PWM(1ms-2ms) 방식의 프로토콜을 대체하는 빠른 통신 방식이다. 기존의 통신 방식은 FC가 센서의 데이터를 계산하여 나온 값을 모터 루프(Motor loop) 알고리즘을 통해 ESC에 보내 준다. 문제는 FC가 계산하는 주기(duty cycle)가 일정하지 않아 FC의 계산값을 ESC에 보내 주는 PWM 주기가 정확히 동조화 될 수 없다. 즉, FC 계산 주기와 ESC PWM 주기가 일치하지 않는 것이다. 일례로 FC가 첫 번째 값(S1)을 내고 모터 루푸 알고리즘을 통해 PWM값(S1)을 시차 없이 ESC에 전달했지만 FC가 두 번째 값(S2)을 계산하는데 더 오랜 시간이 걸려 ESC에 PWM 신호를 전달하는 새로운 주기로 들어갈 때 과거의 값(S1)을 사용

한다. 그리고 ESC가 과거의 값(S1)을 모터에 다시 보내는 동안 FC에서 계산된 두 번째 값(S2)은 사용되지 않고 기다린다. 즉, 비동기화된다. 아래 첨부된 사진을 보면 그 값은 일반적으로 ~2.2 - 2.5밀리세컨드(ms) 최적의 경우 1ms(1milisecond=1/1,000초) 최악의 경우 4ms로 측정되었다. 이러한 비동기화 시간을 줄이기 위해 원샷 프로토콜은 PWM 신호의 주기를 8배 빠르게 하였다.

4ms는 0.004초이므로 드론의 비행 성능에 큰 영향을 미치지는 않는다. 실제로 PID값에 미치는 영향은 크지 않다고 한다. 하지만 현장에서 레이서들이 느끼는 스틱의 반응도는 차이가 있다고 한다.

아래 링크에 기트허브(Github)의 아듀파일럿에서 이에 관한 토론(OneShot PWM output for new ESCs)을 하였으니 관심이 있으면 읽어 보자.

* 링크 : https://github.com/ArduPilot/ardupilot/issues/1825

출처: www.multiwii.com

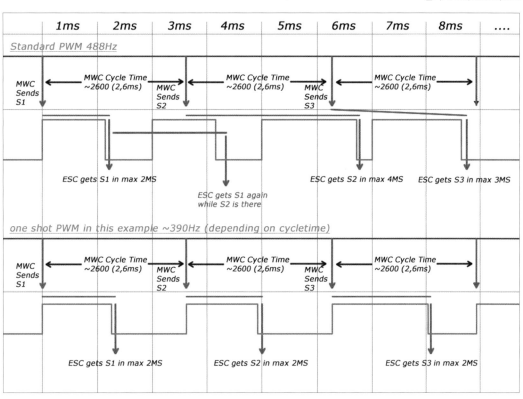

[그림 5-14] 표준 PWM 신호와 원샷 PWM 신호의 사이클 비교

PART 06

다양한
통신 방법

다양한 통신 방법

지금까지 드론의 플랫폼 관점에서 UAV(Unmaned Aerial Vehicle)의 주요 구성 요소들인 센서부(IMU), 제어부(MCU), 구동부(모터 및 ESC)를 드론의 구조와 작동 원리 및 추진력 설계와 함께 설명하였다. 이제 UAV가 UAS(Unmaned Aifcraft system)로 확장하는데 주요한 구성 요소인 통신부를 RC(Radio Control) 송수신기 관점에서 설명하겠다.

RC 송수신기는 최근에 드론이 부상하기 이전에도 RC 자동차와 RC 비행기와 같은 하비시장에서 수십 년간 사용되었다. 사용 주파수 밴드의 변화와 기술적 향상이 있었으나 기본적인 원리는 동일하다. 드론과 RC 비행기의 차이는 RC 비행기는 송신기 스틱의 신호를 주파수를 통해 수신기에 전달받은 후 직접적으로 모터를 제어한 반면에 드론은 수신기와 모터 사이에 컴퓨터(컨트롤러)가 있어 컴퓨터 프로그래밍 또는 알고리즘에 의해 자율비행이 가능하다는 것이다. RC 비행기는 사실상 스틱의 제어값이 주파수로 전달된다는 점을 제외하면 손으로 스위치(스틱)를 조작하여 모터를 직접 제어한다고 볼 수 있다.

라디오 송수신기는 사실 드론과는 별개로 오랫동안 발전돼온 하나의 독립된 시스템이라고 볼 수 있다. 따라서 다양한 브랜드별로 조작 방식, 주파수 활용 방식 등이 독자적으로 발전해 왔다. 따라서 공통적으로 설명할 수 있는 주파수 밴드, 라디오 송신기 모듈, 라디오 수신기 프로토콜에 대하여 설명하고 최근 드론에 대중적으로 많이 적용되고 있는 FPV 텔레메트리(Telemetry)와 짐벌(Gimbal) 제어를 추가적으로 설명하겠다.

6.1 RC 주파수 밴드(Frequency Band)

과거 수십 년 동안 RC 통신 체계(Radio Control System)는 라디오 주파수인 AM, FM과 같은 낮은 주파수 밴드(Narrow band)인 27MHz(Megahertz), 40MHz, 72MHz, 75MHz

에서 주로 운영되었으나, 최근에는 높은 2.4GHz(Gigahertz) 주파수 밴드에서 광대역 통신 방식의 일종인 대역 확산(Spread Spectrum) 방식으로 주로 운영되고 있다. 협대역(Narrow Band) 라디오 전송 방식은 라디오 스펙트럼 내에서 하나의 주파수에 대하여 하나의 시그널을 전송한다. 40MHz 대역에서는 15개 주파수, 72MHz에서는 19개의 주파수만을 사용할 수 있었다. 반면에 광대역은 신호를 넓은 주파수 대역으로 확산시킨다.

주파수 밴드의 명칭에서 알 수 있듯이 협대역(Narrow band)에서 광대역(Broad Band)으로의 발전은 조종자에게 큰 자유를 주었다. 그 이유는 과거 협대역 조종자들은 한 장소에서 한정된 수의(40MHz는 15개, 72MHz는 19개) 고정 주파수만을 사용하므로 이용자가 많은 경우 한 장소에서 주파수 대역당 제한된 사용자 수로 번호표를 뽑고 비행 순서를 기다려야만 했다. 하지만 광대역은 이론상 주파수가 겹치지 않아 동일 대역 주파수 사용자의 수와 관계없이 자유롭게 비행을 할 수 있다.

이것은 일반 편도 일차선인 88 고속도로와 편도 5차선인 경부고속도로를 비교하면 쉽게 이해가 된다. 편도 일차선 88 도로에서 달리는 차는 병목현상이 생기면 꼼짝달싹할 수 없게 된다. 반면에 경부고속도로를 달리는 차는 차선이 막히면 비어 있는 차선으로 이리저리 이동해 가며 달릴 수 있다.

광대역이 협대역을 대체하는 또 다른 이유는 광대역이 상대적으로 간섭을 적게 발생시키기 때문이다. 라디오 주파수(RF)에서 발생하는 노이즈는 주로 300MHz 이하의 주파수에서 발생한다. 이러한 노이즈는 주파스 간섭(Interference)이 되어 라디오 송신기의 조종 상실의 원인이 된다. 300MHz보다 훨씬 높은 2.4GHz 주파수 대역을 사용하는 광대역은 노이즈에 강한 특성을 가지고 있다.

협대역 주파수와 관련된 기술은 오랜 시간에 걸쳐서 개발되어 수신기 모듈이 브랜드와 관계없이 상당수 표준화되어 있었다. 따라서 후타바(Futaba)와 같은 고가 브랜드의 송신기를 사더라도 저렴한 대체 수신기를 구매할 수 있었다. 반면에 2.4GHz는 상대적으로 짧은 시간에 개발되어 브랜드마다 독자적으로 발전되어 왔다. 따라서 특정 브래드의 송수신기에 대한 대체 수신기를 찾기 어렵다. 즉, 송수신기 간 호환성이 좋지 않은 것이다. 결과적으로 후타바(Futaba), 스펙트럼(Spectrum) 같은 송신기의 수신기는 추가 구매할 때 대체품을 구하기 어려운 관계로 상대적으로 고가라도 같은 브랜드의 수신기를 구매할 수밖에 없다. 이러한 점은 수신기가 소모품인 것을 고려하면 드론 마니아들에게 부담이 될 것이다.

[표 6-1]은 협대역과 광대역의 간단한 특징을 표로 정리하였다.

구분	특징
Narrow Band (AM, FM/PPM, PCM주파수)	- 라디오 스펙트럼 내에서 특정한 주파수로 신호를 전송 - 송수신의 표준이 잘 확립되어 있음 - 브랜드 송수신기 간에 호환성이 좋음 - 수신기의 호환 제품이 많아 수신기 가격 저렴 - 주파수가 겹치면 혼선이 발생 노콘(No-control)이 일어남 - 주파수의 종류가 40MHz 대역에서 15개, 72MHz 대역에서 19개로, 총 34개로 제한되어 34명 이상은 동시에 비행할 수 없음 - 송전선, FM 신호, 모터회전 등 간섭, 노이즈에 취약함
Spread Spectrum (2.4Ghz)	- 주파수를 라디오 스펙트럼의 넓은 범위로 확산시킴 - 수신기의 호환성이 안 좋아 값비싼 브랜드 제품 송신기 구매 시 비싼 수신기를 계속 구매해야 함 - 표준이 잘 확립되어 있지 않음 - 이론상 주파수가 겹치지 않음(송신기를 켜면 비어 있는 주파수로 찾아 들어감) - 간섭, 노이즈에 강함(간섭 및 노이즈 발생 시 다른 주파스를 찾아감)

[표 6-1] 협대역과 광대역의 특징

6.2 2.4Ghz 스프레드 스펙트럼 송수신기의 전송 방식

광대역 통신 방식의 일종인 스프레드 스펙트럼(Spread Spectrum)에는 DSSS(Direct Sequence Spread Spectrum)와 FHSS(Frequency Hopping Spread Spectrum)의 두 가지 방식이 있다.

FHSS 방식은 2차 세계대전 때부터 사용된 방식으로 2.4GHz 주파수 내에서 1초에 수백 번 전송 주파수를 정교하게 변경시킨다. 반면에 DSSS는 유사 잡음 코드(PN Code, Pseudo Random Noise Sequence)를 사용하여 2.4GHz 주파수 내에서 유사 난수로 선택된 하나 또는 두 개의 주파수를 선정한다. 'rchelicopterfun.com'라는 사이트를 운영하고 RC 헬기에 관한 다수의 저서를 쓴 존 솔트(John Salt)의 블로그 아티클['스프레드 스펙트럼 라디오 이해하기(Understanding Spread Spectrum Radios)']에서는 TV 광고를 회피하는 방식을 비유로 FHSS와 DSSS를 간단히 설명하였다. FHSS는 하나의 TV에서 동일한 방송 프로그램이 나오는 여러 채널 중에 광고(간섭)가 나오지 않는 채널로 리모콘을 이리 저리 조작하며 TV를 시청하는 것이다. 반면에 DSSS는 동일한 방송 프로그램이 다른 채 널로 여러 TV에서 방송될 때, 광고가 없는 TV의 채널을 선택해서 보는 것과 동일하다. FHSS가 이론상으로 간섭에 덜 영향을 받지만, DSSS가 도달 거리가 길고, 노이즈 속에서 보다 깨끗한(clean) 데이터를 추출해 내는 장점이 있다.

최근에는 대다수의 RC 시스템이 후타바(Futaba) FASST처럼 둘의 장점을 결합시켜 사 용되는 경향이 있다. RC계에서 알려져 있는 텍트로닉(Tektronix)사의 엔지니어인 다비드 E. 뷰톤(David E. Buxton)의 아티클 'RC 스프레드 스펙트럼의 분해(RC Spread Spectrum Demystified)'에 따르면 최근 브랜드 RC 시스템의 대다수는 DSSS와 FHSS가 결합되어 사 용되고 있다고 한다. 특히 최근의 모든 RC 송수신기는 비록 FHSS라고 홍보할 지라도, DSSS 광대역 방식을 사용하고 있다고 한다. 그만큼 기술적 차이를 구분하기 어렵다는 것 을 유추할 수 있다. 이러한 DSSS와 FHSS 주파수 기술의 결합은 후타바 제품의 발전 사례 를 통해서도 알 수 있다.

후타바의 첫 번째 2.4GHz 라디오는 10kHz 주파수 변조 방식의 FHSS 기술을 사용하 였다. 여기에 DSSS 변조 기술이 추가되어 FASST로 소개되었다. 스펙트럼(Spectrum)의 DSSS만을 사용하는 제품은 DSM으로 소개되었고 나중에 여기에 두 개의 FHSS 주파수 가 추가되어 DSM2로 불리게 되었다. 최근에는 DSSS에 23개의 FHSS 주파수를 추가하여 DSMX로 시장에 소개하였다.

다비드에 따르면 얼마나 견고하게 만들어지고 좋은 부품을 사용하고 있는지가 중요하 다고 한다. 업체들마다 반박의 여지가 있지만 업계의 오랜 기술적 경험을 갖고 있는 그의 말을 믿어볼 만하다. 또한, 분명한 것은 후타바, 스펙트럼, JR, 하이텍(Hitec) 같은 업계에 알려진 브랜드 제품들은 비싼 가격 만큼이나 좋은 부품을 쓰고 꼼꼼하게 제작을 하므로 신뢰성 있는 좋은 성능을 내는 것은 당연하다고 할 수 있다.

자세한 기술적 비교는 저자의 역량을 뛰어넘는다. 기술적 소개는 코드 분할 다중 접속 (CDMA)과 같은 지식에 해박한 전문가의 역량이 필요하므로 좀 더 기술적인 이해를 필 요로 하는 독자는 위에 소개한 '스프레드 스펙트럼의 분해'를 소개한 [표 6-2]를 참조하 기 바란다.

스프레드 스펙트럼 구분	작동 방식	RC 브랜드
DSSS(Direct Sequence Spread Spectrum) or DSM	송신기와 수신기가 2.4GHz 스펙트럼의 고정된 부분을 사용	웰케라(Walkera)DEVO, 스펙트럼 DSM
FHSS(Frequency Hopping Spread Spectrum)	송신기와 수신기가 2.4GHz 스펙트럼의 허용된 범위 내에서 끊임없이 주파수를 변화시킴	후타바 S-FHSS, FrSky ACCST, 하이텍 AFHSS, 그라우프너 (Graupner), 에어트로닉스 (Airtronics) FHSS, 플라이스카이 (FlySky), 터니지(Turnigy)
Hybrid(DSSS+FHSS)	DSSS 변조와 FHSS 변조를 둘 다 사용	스펙트럼 DSM2 DSMX, 후타바 FASST(Hi-end제품), JR DMSS

[표 6-2] 스프레드 스펙트럼 전송 방식에 따른 작동 원리와 적용 RC 브랜드

6.3   다양한 라디오 수신기 프로토콜

여러분이 처음 드론에 입문하였다면, 본 책의 앞쪽에서 접했던 FC, ESC, FHSS, DSSS 와 같은 용어에 이제 익숙해졌을 것이다. 하지만 라디오 수신기 프로토콜(Radio Receiver Protocol 또는 Radio Protocol)에 있는 두문자어(Acronym) 용어들을 본 장에서 처음 접한다면, 또 다른 낯선 용어들에 적지 않게 혼란스러울 것이다. PWM, PPM, SBUS, DSMX 등등…. 사실 RC 송수신기의 프로토콜은 협대역 시대에는 오랜 시간에 걸쳐 표준화가 이루어져 수신기는 저가의 대체 호환품이 있었다. 하지만 광대역은 1990년대에 도입된 CDMA와 같은 사례와 같이 상대적으로 매우 짧은 시간에 빠르게 발전되었다. 따라서 광대역 RC 송수신기 업체들은 조금씩 차이가 있는 독자적인 송수신기를 발전시켜 왔고 결과적으로 라디오 프로토콜도 다소 상이하게 발전해 가고 있는 것 같다.

위키백과의 정의에 따르면, 통신 프로토콜 또는 통신 규약은 컴퓨터나 원거리 통신 장비 사이에서 메시지를 주고받는 양식과 규칙의 체계이다. 드론 세계에서 프로토콜은 비행 컨트롤러와 송신기 사이에 메시지를 주고받는 양식과 규칙의 체계라고 할 수 있다. 즉, 송신기에서 보낸 메시지 또는 신호를 비행 컨트롤러가 알아들을 수 있도록 사용되는 송수신기와 비행 컨트롤러 간에 사용되는 공통의 언어인 것이다.

PWM, PPM, PCM이 일반적으로 사용되는 라디오 수신기 프로토콜이다. 그 외에 SBUS, iBUS, DSMX, CPPM, 스펙트럼 위성(Satellite) 등 다양한 라디오 프로토콜이 존재한다.

프로토콜	특징
PWM (Pulse Width Modulation)	가장 흔하고 기본적인 라디오 통신 프로토콜 과거 고정익 비행기를 사용할 때부터 사용되었던 것으로 수신기는 서보모터나 ESC를 표준 PWM 신호로 직접 제어한다. 하나의 서보에 하나의 채널을 사용하므로, 쿼드콥터의 경우 최소 4채널이 필요하다.
PPM(Pulse Position Modulation) 또는 CPPM, PPMSUM	최대 8채널까지 하나의 선으로 신호를 보낼 수 있다. 즉, 하나의 GND, VCC, Signal선만 연결하면 된다. 개념상 PPM은 PWM을 순차적으로 변조해서 보낸다.
PCM(Pulse Code Modulation)	PCM은 데이터 유형이 PPM과 유사하나 PPM 시그널이 아날로그인 반면 PCM은 디지털 시그널을 사용한다. PCM이 더 신뢰성이 있고 간섭에 덜 민감한 반면, 장비가 다소 고가이다.

[표 6-3] 일반적인 라디오 수신기 프로토콜

PWM(펄스 폭 변조) 프로토콜은 과거의 고정익 RC 비행기처럼 수신기와 ESC 모터 사이에 컴퓨터(비행 컨트롤러)가 없이 수신기의 채널에 연결된 서보모터를 직접 제어하는 방식으로 오랫동안 사용되고 있고 지금도 저렴한 비용과 과거 방식의 익숙함으로 많이 사용되고 있다. 비행 컨트롤러의 PWM 제어는 아두이노에서 PWM을 활용하여 아날로그 입력 및 출력을 제어하는 경험을 했다면 쉽게 이해될 것이다.

[그림 6-1]은 PWM 방식의 저렴한 6채널 수신기와 멀티위 보드인 오픈 메이커랩 보드 v1 FC와 연결한 그림이다.

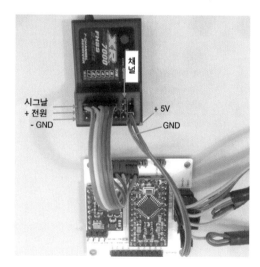

[그림 6-1]
PWM 프로토콜을 사용하는 MultiWii 호환
보드와 수신기 연결 사례

[그림 6-2]는 저렴한 조종기에 많이 사용되는 일반적인 PWM 수신기의 구조를 설명하였다. FM 수신기를 통해 들어온 PPM(Pulse Position Modulation) 시그널을 PPM 신호 디코더(PPM signal decoder)를 통해 PWM(Pulse Width Modulation) 신호로 변환하여 각각의 채널이 할당된 Servo 모터에 보내준다.

이와 같이 각각의 채널은 아날로그 방식의 PWM 신호로 서보모터를 제어하거나 또는 ESC를 통해 브러시리스 모터를 보다 정밀하고 파워풀하게 제어할 수 있다.

출처 : http://skymixer.net/

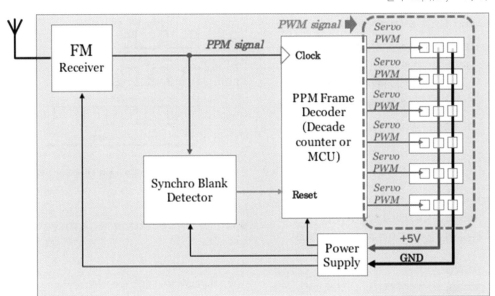

[그림 6-2] PWM 방식 수신기의 구조

※ 참고 : PWM을 활용한 아두이노의 아날로그 출력 테스트해 보기

아두이노는 오픈소스 드론 플랫폼에 지대한 영향을 끼쳤다. 오픈소스 드론 플랫폼의 양대산맥인 멀티위, 아두파일럿 모두 아두이노에서 큰 영향을 받았다. 또한, 사이몬.K ESC, STorm32 BSC 등과 같은 다양한 드론의 오픈소스 부품들이 아두이노로부터 영향을 받았다. 이런 점에서 아두이노로 PWM 제어를 테스트해 보는 것도 좋을 것이다.

※ 펄스 폭 변조(PWM, Pulse Width Modulation)의 원리
- 아두이노의 디지털핀은 오직 HIGH(5V) 아니면 LOW(0V) 두 가지 신호 외에는 출력할 수 없으며
  전압의 관점에서 보면 5V와 0V만 가질 수 있다.
- PWM 기능을 사용하면 아날로그 출력과 유사하게 0V와 5V 사이의 전압으로 출력을 낼 수 있다.
- PWM 기능은 LED의 밝기 제어, 모터의 회전 속도 제어에 많이 사용
  아두이노는 3, 9, 10, 11번 핀(490Hz), 5, 6번 핀 (980Hz)을 PWM을 위해 사용 (Hz가 높으면 고속 동작)

오른쪽 도표에서 두 번째는 주기의 25%(1/4)만
On이 되므로 출력전압은 5V*1/4=1.25V가 된다.

LED가 연결되었다고 가정하면,
LED는 On 구간만 켜지고 Off 구간은 꺼지나
고속으로 On/Off가 이루어지므로 실제로는
1.25V의 전원이 들어 왔을 때의 밝기로 보인다.

DC 모터도 마찬가지 원리로 속도를 제어한다.

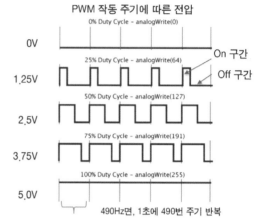

PWM 작동 주기에 따른 전압

0% Duty Cycle - analogWrite(0)
0V

25% Duty Cycle - analogWrite(64)
1.25V

On 구간
Off 구간

50% Duty Cycle - analogWrite(127)
2.5V

75% Duty Cycle - analogWrite(191)
3.75V

100% Duty Cycle - analogWrite(255)
5.0V

490Hz면, 1초에 490번 주기 반복

실습 : 속도 조절 DC모터 선풍기 만들기

가변저항을 통해서 아날로그 출력값을
변화시킴으로써 DC 모터의 속도를 조절한다.

• 준비물
- 아두이노 우노 1개
- 저항 1KΩ 1개, 가변저항 10KΩ 1개
- DC 모터 1개
- 브레드 보드 1개
- 점퍼선 9개
- 트랜지스터 1개

• 회로도

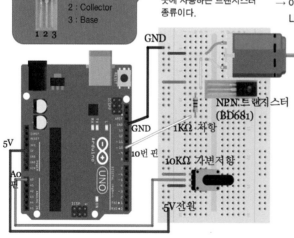

※ 달링턴 파워
트랜지스터(BD681)
→ 많은 전류를 필요로 하는
곳에 사용하는 트랜지스터
종류이다.

1 : Emitter
2 : Collector
3 : Base
1 2 3

GND

NPN 트랜지스터
(BD681)

GND

1KΩ 저항

5V

10번 핀

10KΩ 가변저항

A0

5V전원

• 스케치 작성 및 이해

함수 : analogWrite(핀 번호 또는 명칭, 출력값)
출력값은 0V일 때 0, 5V일 때 255가 출력
→ 아날로그 값은 PWM(펄스폭 변조)에 의해 HIGH와
  LOW 신호 간격을 조절하여 출력값을 조절

```
void setup( )
{
  pinMode(10, OUTPUT)
} // 10번 핀을 출력 핀으로 설정
void loop( )
{
  analogWrite(10, analogRead(A0)/4)
} // 10번 핀에 아날로그 출력을 한다
  // 아날로그 출력값은
  // analogRead(A0)/4 이고
  // analogRead(A0)/4는 아날로그 입력핀
  // 가변저항 입력값 A0를 4로 나눈 값이다.
```

PWM 수신기는 채널 한 개당 하나의 서모모터만을 제어하므로 드론에 사용되기 위해서는 최소한 4개의 채널이 필요하고, 비행 모드 설정 등 보조적인 설정을 하고자 한다면 적어도 5개의 채널이 필요하다. 물론 표준적인 멀티위 기반의 작은 기체를 제작한다면 5채널로 충분할 수 있지만, 아두파일럿 기반으로 GPS와 FPV 카메라, 짐벌(Gimbal) 등과 함께 다양한 설정이 추가된다면 8채널 이상이 필요할 것이다. 채널 수가 증가함에 따라 수신기의 외형적 크기가 커져야 할 뿐만 아니라 선 연결의 복잡성이 크게 증가한다. 거미줄처럼 얽혀 있는 연결선을 생각하면 될 것이다.

PPM은 펄스 위상 변조(Pulse Position Modulation)라고 하며 PPM 수신기는 [그림 6-3]처럼 PWM으로 변환하는 디코더가 더 이상 필요하지 않다. FM 수신기에서 들어온 PPM 시그널은 별도로 PWM 시그널로 변환되지 않고 바로 드론의 비행 컨트롤로 보내진다. [그림 6-3]처럼 사용되지 않는 구성 요소만큼 수신기가 작고 컴팩트해질 수 있다. 또한, 위에서 설명한 것처럼 8채널 이상이라도 3개의 선(+, GND, signal)만을 연결하면 되므로 배선이 매우 깔끔해진다.

출처 : http://skymixer.net/

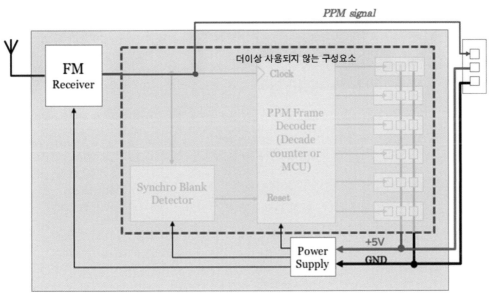

[그림 6-3] PPM 방식의 수신기 구조

[그림 6-4]에는 650급 프레임에 픽스호크 FC와 PPM 방식의 수신기를 연결한 그림이다. 수신기는 에프알스카이(FrSky)의 16채널 X8R 수신기로 자동 펼침 랜딩기어, 카메라 짐벌 콘트롤이 포함되어 9채널 이상을 사용하고 있어, PWM 수신기를 사용했다면 매우 복잡한 상황이었을 것이다.

[그림 6-4] FrSky의 X8R 수신기를 활용한 PPM 수신기 연결 사례

위에 설명한 X8R 수신기는 채널당 하나의 신호선을 연결하는 PWM 방식으로도 사용할 수 있게 되어 있다. 사실 대다수의 PPM 수신기는 편의상 PWM, PPM 방식을 둘 다 사용될 수 있도록 구성되어 있다. 위의 FrSky X8R 수신기는 SBUS라는 시리얼 프로토콜을 사용하고 있고 PPM 방식을 사용하기 위해 SBUS를 PPM 컨버터로 사용하고 있다.

PCM(Pulse Code Modulation)은 펄스 부호 변조의 뜻으로, 아날로그 방식인 PWM이나 PPM과 다르게 디지털 변조 방식이다. 즉, PPM 또는 PWM의 아날로그 신호를 0과 1의 조합에 의한 디지털 신호로 변환한 것이다. PCM 수신기의 장점은 디지털 신호에

Checksum을 포함하여 수신한 신호가 올바른지를 판단할 수 있다. 즉, PCM 신호는 보다 정교하고 간섭이 적다. PCM 방식은 20~30년쯤부터 사용된 다소 올드한 FM 프로토콜로 72MHz와 같은 협대역에서 사용되어 왔으나 2.4GHz 광대역 시대에서는 잘 사용되지 않고 있다. FrSky와 같은 최근의 2.4GHz 송수신기들은 PCM 방식보다 훨씬 향상된 디지털 인코딩 시스템과 에러 보정 시스템을 제공한다.

시리얼 프로토콜(Serial protocol)은 라디오 프로토콜의 최근 발전된 디지털 변조 방식이다. PCM보다 향상된 기술로 PPM 방식처럼 하나의 신호선으로 다수의 채널을 지원할 수 있다. 기본적으로 시리얼 통신을 활용하므로 비행 컨트롤러에 시리얼 포트가 있어야 가능하다. 후타바와 FrSky의 SBUS, 플라이스카이의 iBUS, JR의 XBUS, 멀티위의 MSP(MultiWii Serial Protocol), 그라우프너 Hott SUMD 등이 있다.

SBUS(Serial BUS)는 후타바사에 의해 도입된 시리얼 통신 프로토콜로 FrSky에 의하여 더 대중적으로 사용되고 있다. SBUS의 장점은 하나의 신호선으로 18채널까지 사용할 수 있다는 것이다. 또한, 디지털 신호로 쌍방향 통신을 할 수 있어 텔레메트리 수신기로 많이 사용되고 있다. 즉, FrSky X8R 텔레메트리 수신기는 드론의 조종 데이터를 송신기를 통해서 비행 컨트롤러로 보낼 수 있을 뿐만 아니라 드론의 전압, 통신 신호의 세기, 고도 등의 데이터를 송신기 디스플레이 화면에서 실시간으로 받아 볼 수 있다. 또한, 스로틀(Throttle)과 같은 특정한 서보에 비상 작동(FailSafe) 기능을 설정할 수 있어, 송수신기 간에 시그널이 상실되면 비상 착륙이나 마지막 송신기 신호 유지 등 사전에 설정된 신호를 보낼 수 있게 되어 있다.

iBUS는 우리에게 터니지나인엑스(Turnigy 9X)의 OEM 제조자로 알려진 FlySky의 최신 프로토콜이다. 참고로 플라이스카이(FlySky)와 FrSky는 다른 회사이다. iBUS는 쌍방(Two-way) 통신 방식으로 포트 중에 하나는 서보모터의 입력 데이터를 다루고 다른 하나는 센서들의 데이터를 다룬다. 가장 큰 장점은 가격이다. 고가의 후타바 SBUS 송수신기는 선택에서 제외할지라도 FrSky의 타라니스 SBUS 송수신기도 여전히 30만 원 이상의 구매 비용이 발생한다. 플라이스카이 FS-i6 송신기와 FS-iA6B 수신기의 조합은 10만 원 이하로 가격 대비 합리적인 텔레메트리 시스템을 구현할 수 있다. 물론 10만 원대의 가격으로 30만 원대 이상의 고가의 정교함과 신뢰성을 요구할 수는 없을 것이다. 따라서 다소 저렴한 드론을 갖고 텔레메트리를 구현해 본다면 그런 차이는 감수해볼 만하다.

송수신기는 브랜드에 따라 프로토콜이 상이할 수 있으므로 주의해야 한다. 일례로 멀티위, APM, CC3D, NAZE 등 많은 FC가 PWM 라디오 프로토콜에 기반하여 설계되었고 PPM 등 여러 프로토콜을 지원한다. 반면에, 픽스호크는 PPM 프로토콜을 기반으로 SBUS, DSMX 등 최근 계발된 프로토콜을 지원하지만 오랫동안 사용된 PWM 프로토콜을 지원하지 않는다. PWM 수신기를 사용하고자 하면 별도로 PPM 인코더(Encoder)를 사용하여 FC로 가는 PWM 신호를 PPM 신호로 변환시켜 수어야 한다.

※ SBUS와 PPM 중에 어떤 수신기를 사야 할까?

수신기를 선택할 때 한 번쯤 고민을 할 것이다. 결론은 가격과 같은 주변 조건의 고려 없이 신뢰성과 같은 통신의 품질만을 고려한다면 당연히 SBUS이다.
둘 다 하나의 시그널만을 사용하는 것은 동일하지만 PPM은 아날로그 방식이고 SBUS는 디지털 방식이다. SBUS는 디지털이므로 PPM에 비해 신호의 해상도가 높고, 보다 정교한 조종이 가능하다. 또한, SBUS 신호가 PPM보다 빠르고 지체가 적다. 그 이유는 PPM은 오래된 아날로그 신호 방식으로 에러 점검 기능이 포함되어 있지 않아서, 간섭 등으로 인한 오류를 보정하기 위해 신호를 이동 평균하는 방식을 사용한다. 반면에, SBUS는 신호에 에러 검출용 비트(Parity bit)를 포함하여 간섭이 생길 시 즉각적으로 보정하여 지체를 최소화한다.

6.4 FPV 텔레메트리 개념 및 구성 사례

텔레메트리(Telemetry)는 위키사이트의 정의에 따르면 원격에서 또는 접근할 수 없는 지점에서 측정값이나 데이터가 수집되고 모니터링에 필요한 수신 장비에 전송되는 자동화된 통신 과정이다.

드론에서 사용되는 텔레메트리는 일반적으로 두 종류의 텔레메트리를 말한다. RC 송수신기 간의 텔레메트리와 FPV 텔레메트리가 그것이다. RC 송수신기 간에 테레메트리는 데이터 송수신 장비로 텔레메트리 기능이 있는 RC 송수신기를 사용하는 것으로 드론의 FPV 텔레메트리가 일반적이지 않았던 RC 비행기 시절부터 발전되어 왔다. FPV 텔레메트리는 드론의 FPV 카메라(전방 주시용 카메라)가 장착되면서 발전되었다. 카메라 영상정보에 OSD(On Screen Display)를 통해서 다양한 기체 정보를 원격으로 조종자의 고글(Google)이나 FPV 모니터, GCS(Ground Control System) 화면에 보낼 수 있다.

최근의 드론 분야에서의 트랜드는 RC 송수신기 텔레메트리보다 FPV 텔레메트리가 선호되고 있다. 그 이유는 간단하다. 드론의 조종에 점차 비행 중 인간의 가시성을 지원하는 고글(레이싱드론)과 모니터(장거리 자율 비행 미션)의 활용이 증가하고 있다. 조종기와 모니터를 동시에 보는 것은 시간적으로도 사용자 인터페이스 관점에서도 불편함이 있다. FPV 영상을 통해 마치 자신이 비행하고 있는 것처럼 전방을 주시하고 영상 속에 고도, 속도, 운항 거리, 배터리 상태의 정보를 바로 확인한다면, 갑자기 닥칠 수 있는 위험상황에 신속하게 대처할 수 있을 것이다.

FPV 텔레메트리의 또 다른 이점은 비용과 비행 기체의 무게이다. 만약 RC 송수신기 텔레메트리를 사용한다면, 전압계(Voltage meter), 승강계(Variometer) 등 별도의 장치를 기체에 추가하여야 한다. 이는 비용과 기체의 중량을 추가한다. 마지막으로 드론은 비행 컨트롤러의 성능이 향상됨에 따라 FC 내에서 측정된 다양한 데이터에 기반하여 자동적으로 비상시 대처하는 FailSafe 기능이 알고리즘에 통합되는 형태로 발전되고 있다. 즉, OSD를 통해 영상 속에 표시되는 기체 정보 외에 설정된 값(최소 배터리 용량, 송신기에서 전송된 스로틀 값 등)에 따라서 자동으로 착륙하거나, 출발지로 회항(Return-To-Launch)할수 있게 알고리즘이 통합되어 시스템화되고 있다. 이런 상황에서 별도의 RC 송수신기 텔레메트리를 구현하는 것은 크게 의미가 없다.

따라서 RC 송수신기 텔레메트리를 사용하는 경우는 FPV 텔레메트리를 구현하기 어려운 경우로 한정할 필요가 있다.

6.4.1 일발적인 FPV 텔레메트리의 개념

[그림 6-5] OSD를 통해 카메라에 나타난 텔레메트리 정보 및 스텐드형 FPV 모니터

　최근 드론의 폭발적인 인기는 멋진 FPV용 고글을 착용하고 레이싱을 펼치는 드론 레이싱의 확산도 큰 역할을 한 것 같다. 이와 같이 드론 레이싱에서 FPV는 신속한 조종을 위해서 직접 눈으로 보는 것과 같은 역할을 한다. 사실 250급 이하의 작은 드론은 100m 이상만 멀어져도 눈으로 드론의 앞뒤를 구분하기 어려워 조종이 어려운 것이 사실이다. 이러한 점에서 중장거리 비행을 할 경우 조정을 위해서 필수적인 장치인 것이다. 지금까지 설명한 부분은 FPV라 볼 수 있다. 여기에 텔레메트리 기술이 추가된 것이 'FPV+텔레메트리'라고 할 수 있다.

　과거 송수신기 텔레메트리는 기체의 신호 강도(RSSI)와 배터리 잔량과 같은 제한된 데이터만을 조종자의 송신기에 보내 주었다. 최근에는 OSD 기술을 사용하여 위치, 속도, 거리, 방향 등 기체의 거의 모든 상태 정보를 영상위에서 확인할 수 있다. 이것은 라디오 조종기와 영상을 번갈아 봐야 하는 불편함을 제거해 주었다. FPV 텔레메트리의 도입은 드론 조종에 있어서 사용자 편의(UI)성의 커다란 개선이라고 볼 수 있다.

　[그림 6-6]은 일반적인 FPV 텔레메트리의 구성을 보여 준다. FPV(First - person view) 또는 RPV(Remote - person view)라는 용어는 조종사의 시점에서 무선으로 비행체를 조종하는 것을 의미한다. 파일럿은 통상 기체에 탑재된 카메라를 통해 무선으로 전송된 영상을 보고 1인칭 시점으로 원격으로 조정을 한다. 영상 디스플레이 장치로는 고글이나

LCD 모니터를 주로 사용하고, 최근 목적에 따라 2개의 카메라를 탑재(3D 영상 체험)하거나, 짐벌(촬영)을 탑재하여 활용하기도 한다.

FPV 텔레메트리는 카메라, 영상 송신기, OSD, 영상 수신기로 구성되어 있다.

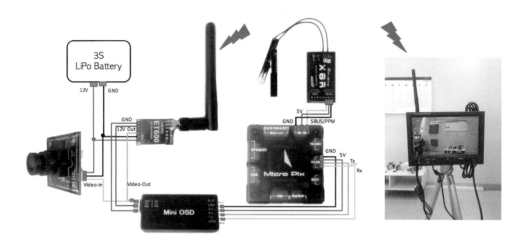

[그림 6-6] FPV 텔레메트리 구성도

FPV용 카메라는 저렴한 CCTV용 아날로그 카메라가 일반적으로 사용되고 있고 최근 고가의 컨슈머 드론에는 디지털카메라가 도입되고 있다.

다양한 사양 중에 최근 가장 중요하게 고려되는 것은 이미지 해상도이다. 가장 대중적으로 사용되는 해상도는 700TVL(TV line)이고 800TVL, 1,000TVL, 1,200TVL로 점차 해상도도 높아지고 있다. 높은 해상도의 카메라가 화질이 좋은 것은 사실이지만 해상도가 높을수록 끊김 현상이 자주 발생하고, 화면 전송의 지연 현상이 더 발생한다. 따라서 제한된 5.8GHz 영상 송신 출력을 고려한다면 1,000TVL 이하를 사용하는 게 일반적이다. 특히 지연 현상이 치명적일 수 있는 드론 레이싱의 경우 700TVL 이하의 해상도를 갖는 카메라를 사용하는 것이 일반적이다.

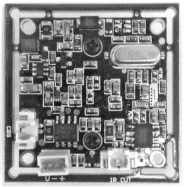

[그림 6-7] 일반적인 FPV용 1000TVL 1/3" CMOS 카메라

그 외에 고려해야 할 사항은 카메라의 이미지 센서 타입과 비디오 인코딩 표준(Video encoding standard)이 있다. CCTV용 카메라의 이미지 센서로는 CCD와 CMOS 타입이 있다. CCD 이미지 센서는 CMOS 센서보다 이미지 품질이 좋고 노이즈가 적은 것으로 알려져 있다. 반면에 CMOS 센서는 전력소모가 적고 생산 가격이 저렴하다. 품질에 관해서도 최근에는 CMOS 센서가 CCD 센서와 대등할 정도로 발전되고 있다고 한다. 자작용 드론에서는 일반적으로 저렴한 CMOS 센서를 주로 사용한다.

비디오 인코딩 표준은 NTSC와 PAL 방식이 있다. NTSC는 한국, 북미, 일본에서 사용되는 표준이고, PAL은 대부분의 유럽, 오스트레일리아, 아프리카 등에서 사용되는 표준이다. FPV용 카메라 선택의 관점에서는 중요한 부분은 아니다. 그 이유는 예전과 달리 최근에 사용되는 대다수 FPV 장비들이 두 표준을 모두 수용하기 때문이다. 다만 촬영된 비디오를 TV에서 시청하고자 한다면 해당 국가의 표준을 사용해야만 한다. 주요한 차이는 NTSC는 사진의 품질이 좋고, PAL은 프레임 수가 높다는 점이다. 따라서 높은 품질의 사진을 찍고자 하면 NTSC를 선택하고, 끊김 없는 사진을 원한다면 PAL을 선택할 수 있을 것이다. 하지만 FPV 카메라의 사용 목적이 고해상도 또는 고품질의 이미지 촬영을 목적으로 하지 않으므로 주요한 선택의 고려 요소는 아니다.

영상 송수신기(Video Transmitter/Receiver)는 카메라와 함께 FPV를 구성하는 두 가지 중요한 요소 중의 하나다. 영상 송신기에는 일반적으로 사용되는 주파수 밴드와 송출 출력이 국가별로 다르게 법으로 정해져 있는 경우가 많다.

국내에서 사용 가능한 주파수 밴드는 대부분의 국가에서 허용된 5.8GHz와 2.8GHz가 있다. 1.2GHz, 1.3GHz와 900MHz 주파수에 대해 일부 국가별로 사용이 허가되고 있지만 국내에서 사용하는 것은 불법이다.

특히 미국의 경우 2.4GHz, 5.8GHz 외에 1.3GHz, 900MHz 주파수도 FPV를 허용하고 있어 FPV에 가장 자유로운 국가 중 하나이다. 1.3GHz 이하에 대해 FPV를 허용하더라도 햄(HAM) 라이센스를 보유해야만 하는 경우도 많으니 해외에서의 FPV는 반드시 해당국의 주파수 관련 법령을 확인해야 한다. 독일, 루마니아, 스웨덴 등의 경우 주파수와 관계없이 FPV 자체가 법적으로 금지되어 있다.

최근에는 대다수가 5.8GHz를 FPV 주파수로 선택하고 있다. 그 이유는 법적으로 대다수 국가가 선택하므로 기능적으로 더 작고, 혁신적인 제품이 많들어지고 있고, 경쟁 주파수대인 2.4GHz에 비해 주파수 간섭이 적기 때문이다. 2.4GHz대는 대다수 RC 조종기들이 사용하는 주파수대일 뿐만 아니라, 다양한 산업용 기기들의 통신 수단으로 와이파이, 불루투스 등이 사용되는 이미 포화된 주파수 밴드이다. 따라서 FSSH와 같은 이론에 따르면 간섭이 없다고 하지만 동일한 2.4GHz로 RC 조종기와 영상 송신기를 함께 사용할 경우 상호 간의 전파 간섭으로 노콘(No-control)이 발생할 수 있다. 2.4GHz, 5.8GHz와 같은 높은 대역의 주파수의 단점은 1.3GHz 이하 주파수대에 비하여 장애물에 약하고, 도달 거리가 짧다는 것이다. 반면, 2.4GHz나 5.8GHz대의 주파수는 안테나, 송신기와 같은 장비를 보다 저렴하고 작게 만들 수 있다는 장점이 있다.

[그림 6-8] 650급 드론에 장착된 5.8GHz 영상 송신기(좌)와 수신기(우)

법적 테두리에서 주파수를 선택하였다면, 이제 해결되지 않는 문제인 주파수 출력에 대하여 잠시 설명할 차례다. 최근 드론이 대중적 관심사로 떠오르게 한 이벤트는 아무래도 드론 레이싱의 확산일 것이다. 하지만 드론 레이싱에 사용되는 FPV 장비들이 불법이라는 사실을 일반인들은 잘 모르는 것 같다. 전파법시행령(제25조 제4호의 규정에서 정한 신고하지 아니하고 개설할 수 있는 무선국에 해당하는 무선기기 '제4조 특정 소출력 무선기기)에 따르면 영상 송신 장치의 출력(안테나에서 방사되는 공중선 전력)은 10mW로 제한되어 있다. 문제는 10mW로는 20~30m 정도밖에 원할한 영상을 전송할 수 없다는 한계이다. 전송 범위를 넘는 경우 영상의 끊김 현상이 나타나고 드론 레이싱의 경우 치명적인 추락의 원인이 된다. 따라서 실제로 드론 레이싱에서는 200mW~600mW의 출력을 가진 송수신기가 많이 사용되고 있지만 엄밀히 따지면 불법이다. 시대를 따라가지 못하는 무선기기의 출력 제한은 이러한 법적인 이슈뿐만 아니라 현실에서도 드론 관련 비즈니스의 큰 제약이 되고 있다. 드론 분야에서 FPV 등 영상을 다루는 부분은 빠르게 혁신이 이루어지고 있는 분야이다. 하지만 법적인 제약으로 이 분야에 국내 혁신을 찾아보기가 어렵다. 시장에서 수요가 없는 10mW 출력을 갖는 장비를 생산할 수는 없고, 그이상의 출력을 갖는 제품은 제조 자체가 불법이므로, 관련 기업들은 손을 놓고 있고 일반인들은 직구로 구매하여 사용하고 있지만 매우 찜찜한 상황이다.

[그림 6-9]는 대중적으로 많이 사용되는 Skyzone의 5.8GHz 8Channel 영상 송수신기의 설정을 보여주고 있다. 통상 모니터의 뒷면에 수신기를 부착해 준다. 모니터와 수신기는 AV선으로 연결해 준다(수신기 Video Out→모니터 AV In). 수신기에는 별도의 12V 리포 배터리로 전원을 공급한다. 아래 구성의 경우 7인치 모니터로 12V를 사용한다. 따라서 하나의 12V 리포배터리로 수신기와 모니터 둘 다 전원을 공급할 수 있도록 Y케이블로 연결해 준다. 지상 부분의 연결이 완료되었으면 드론의 카메라와 송신기를 연결해 준다. 먼저 'Power In'선을 통해 송신기에 12V 전원을 공급해 준다. 그다음 송신기에 카메라에서 영상이 들어오는 'Video In'선(노란선)을 연결해 준다. 송신기의 'VCC+Out'선과 GND 선을 미님오에스디(minimOSD)에 연결해 줌으로써 송신기에 공급된 12V 전원을 미님 OSD에도 공급해 준다. 또한, 미님OSD는 'VCC Out', 'GND' 핀을 통해 공급받은 12V 전원을 카메라에 공급해 준다. 즉, 영상 송신기에 공급된 12V 전원은 선 연결을 통해 미님OSD와 카메라에도 공급된다.

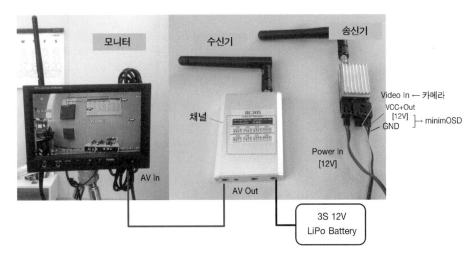

[그림 6-9] 5.8GHz 8Channel 영상 송수신기의 선 연결 예시

위와 같이 선 연결이 마무리되면 송 · 수신기간에 주파수 매칭이 필요하다. 위의 송수 신기는 8채널 송수신기이다. 즉, 5.8GHz 주파수대를 전후해서 8개의 주파수 대역을 사용한다. 최근에는 32개의 채널이 있는 영상 송수신기가 주로 많이 사용된다. 활용 가능한 채널 수가 증가하기 위해서는 송신기의 출력도 증가하여야 한다.

주파수를 매칭해 주는 방법은 아래 그림의 수신기 채널 할당 스위치와 송신기 채널 할당 스위치를 동일하게 맞추어 주어야 한다. 동일한 채널로 맞추어 주었어도 상황에 따라서 더 좋은 영상 품질을 나타내는 채널이 있다. 따라서 여러 채널을 매칭해 보면서 가장 궁합이 잘 맞는 채널을 찾아야 한다.

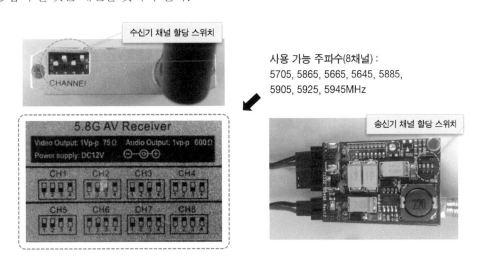

[그림 6-10] 영상 송수신기의 주파수 할당 스위치

미님OSD는 위에서 설명했듯이 FPV 텔리메트리에서 영상 화면상에 기체의 상태를 나타내는 정보를 전송하기 위하여 사용하는 온 스크린 디스플레이(On Screen Display) 모듈의 일종이다. PC 용어로서 OSD는 모니터에 대해 사용자가 필요로 하는 화면의 밝기, 대비, RGB 조정 등의 정보나 알아야 할 정보를 화면상에 직접 표시하는 기능을 말한다. 이러한 OSD 개념을 드론에 활용한 것으로 다양한 OSD가 있으나 오픈소스로서 가장 대중적으로 사용되는 보드가 미님OSD이다. 최근에는 동전만큼 작은 사이즈의 마이크로 미님OSD 보드가 많이 사용되고 있다.

[그림 6-11] 다양한 미님OSD 보드

[그림 6-11] 좌측의 보드는 APM, 픽스호크, PX4 비행 컨트롤러에 사용되는 미님OSD이고 중앙의 작은 칩 사이즈의 OSD는 멀티위, 나제(Naze) 비행 컨트롤러 등에 사용되고 있는 마이크로 미님OSD이다. 오른쪽 보드는 좌측 보드의 케이스가 있는 버전이다.

[그림 6-12]는 최근 많이 사용되고 있는 마이크로 미님OSD의 핀 배열을 보여주고 있다. 기존 보드의 절반 이하의 사이즈(15mm×15mm)로 동일한 기능을 더 편리하게 수행할 수 있도록 핀 배열과 회로가 개선되었다. 또한, 기존 보드에 비해 열이 적게 발생하고, 두 개의 배터리 정보(비행 컨트롤러용 배터리, FPV용 배터리)를 제공할 수 있다. 비

록 멀티위 커뮤니티의 KV 팀에 의해 개발되었지만, 펌웨어 선택을 통해 아두콥터(ArduCopter)의 MavLink를 사용할 수도 있고 멀티위의 시리얼 통신을 사용할 수도 있게 개발되었다.

[그림 6-12] 마이크로 미님OSD의 핀배열

저가의 RC 조종기와 함께 1 ~ 2만 원의 미님OSD를 사용한다면, 고가의 RC 조종기로 구현할 수 있는 텔레메트리 이상을 값싸게 구현할 수 있는게 매력이다. [그림 6-13]의 미님OSD 스크린 설정 화면을 보면 영상위에 표시할 수 있는 데이터의 종류를 알 수 있다.

미님OSD는 주로 오픈소스인 아두이노에 기반하여 발전한 드론의 양대 커뮤니티인 멀티위와 아두파일럿 중심으로 지속적으로 펌웨어가 업그레이드되고 있다. 멀티위의 대표적 OSD 펨웨어는 러쉬OSD(Rush-OSD)이고 아두파일럿의 경우 아두캠(ArduCam-OSD) 펌웨어를 사용한다. 마지막으로 실제로 FPV 및 미님OSD 설정에 도움이 되는 FPV 텔레메트리 참고 사이트를 정리하여 수록하였다.

※ FPV 텔레메트리 참고 사이트

MultiWii OSD 설정 유튜브 영상

Step by Step MinimOSD setup on a MultiWii (https://youtu.be/F1IjdudOrgM)

APMOSD 설정 유튜브 영상

APM 2.5/2.6/2.7 - Adding an OSD for FPV usingMinimOSD - complete setup (https://youtu.be/9fk5o4pYOn0)

Rush-OSD 펌웨어 다운로드 사이트

https://code.google.com/archive/p/rush-osd-development/

ArduCam-OSD 펌웨어 다운로드 사이트

https://code.google.com/archive/p/arducam-osd/

※ ArduCam-OSD는 업그레이드가 중단되었다. Arducopter에 대한 최신 OSD 펌웨어 사용은
아래 사이트에서 가능하다.

minim-OSD Etra Night Ghost 버전 사이트

https://github.com/night-ghost/minimosd-extra

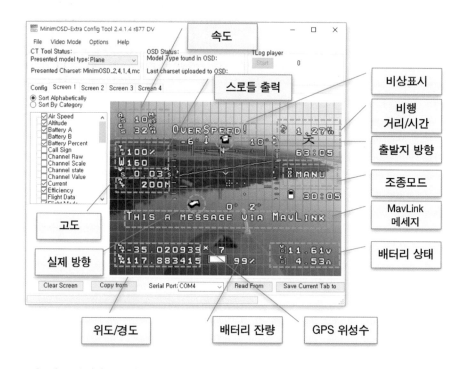

[그림 6-13] 미님OSD 엑스트라 컨피그(minimOSD Extra Config) 프로그램의 스크린 설정 화면

6.5 카메라 짐벌(Camera gimbal)의 이해 및 구성 사례

드론에서 카메라 짐벌은 드론이 비행 중 전후좌우의 운동과 관계없이 카메라의 수평을
유지해 주는 장치이다. 카메라 촬영 시 손 떨림 현상에 의해 사진의 품질이 얼마나 차이
가 나는지 알고 있다면 회전체를 4개 이상 갖고 있는 드론에서 진동이 사진의 촬영에 미
치는 영향을 쉽게 유추할 수 있을 것이다. 드론과 함께 좋은 품질의 항공 촬영을 원한다
면 짐벌은 머스트 해브(Must-have) 품목이다.

6.5.1 짐벌(Gimbal)의 정의

① 자이로 용어. 회전축에 1 또는 2의 각도 자유도를 부여한 장치이며

② 계기 등 여러 가지를 실은 기체의 경사와 관계없이 언제나 수평으로 유지하는 지지 장치이다. 드론에서는 최근 관성 측정 장치가 2개 달려 있는 3축 짐벌이 보편적으로 사용된다. [출처 : 전기전자공학대사전]

짐벌은 드론 이전에 방송 산업에서 촬영을 위해 많이 사용되었던 장치였다. 세계적인 스포츠 이벤트 중계를 보면 카메라맨이 완충 장치가 달린 카메라를 몸에 부착하고 생동 감 있는 영상을 촬영하기 위해 뛰는 것을 본 적이 있을 것이다. 최근에는 300급 이상의 드론에 카메라가 필수적으로 장착되는 추세이므로 짐벌도 필수적인 구성 요소로 사용되고 있고, 그 용도도 단순한 항공 촬영부터 분광기를 창착한 오염 및 공해물질 감시용 드론 등에도 사용되고 있다.

6.5.2 짐벌의 역할

드론에서 짐벌의 중요한 역할은 다음과 같다.

첫째, 촬영 시 부착된 카메라에 안전성을 제공한다. 드론의 피치(전후), 롤(좌우), 요(회전) 운동과 관계없이 흔들림 없이 부드러운 장면을 촬영해 준다. 더욱 중요한 것은 어느 정도 RC 송신기에 대한 조정 능력만 있다면 훌륭한 영상을 촬영할 수 있다는 것이다.

둘째, 비행 중 카메라의 회전을 콘트롤 할 수 있어 원하는 장면을 손쉽게 촬영할 수 있다는 것이다. 하나의 컨트롤러와 두 개의 관성 측정 장치(IMU)로 구성된 3축 드론용 짐벌은 RC 조종기에 채널을 할당하면 지상에서 원하는 방향으로 카메라를 향하게 하면서 촬영이 가능하게 되었다.

셋째, 짐벌이 점차 매브링크(MavLink) 등의 통신 수단을 통해서 비행 컨트롤러와 통신할 수 있게 됨으로써 알고리즘에 의한 자동화된 미션 수행이 가능하게 되었다. 일례로 짐벌 작동 모드(Orientation - locked, back to mid - point, non orientation - locked) 기능을 통해서 카메라의 회전 방향을 원하는 방향으로 고정할 수 있고, 자동 비행 미션을 수행하면서 GPS 좌표상의 특정 장소를 촬영하도록 카메라 워킹을 사전에 비행 계획 수립 시 구성할 수도 있다.

마지막으로 넷째, 고가의 촬영용 드론은 실시간 HD급 영상 전송을 많이 수행하게 되었고, FPV를 위한 실시간 영상 중계가 일반화되면서 고화질의 영상 전송을 위해 짐벌은 필수가 되었다.

6.5.3 짐벌의 장단점

위와 같이 드론에 짐벌을 사용하는 데에는 많은 장점이 있지만 단점 역시 존재한다. 가장 큰 단점은 무게의 증가로 인한 비행시간의 단축이다. 또한, 장비의 가격으로 인한 드론 구성의 비용이 크게 증가한다. 따라서 드론 짐벌의 선택 기준은 예산과 촬영 사진의 질, 그리고 비행시간의 조합에 따라 결정돼야 한다. 일반적으로 고품질의 영상을 촬영하고자 한다면 카메라와 짐벌에 많은 예산을 투입해야 하고, 결과적으로 드론의 총중량(AUW) 증가로 비행시간이 줄어들게 된다. 줄어든 비행시간을 늘이기 위해서는 효율이 동일하다면 추진력을 증가시켜서 좀 더 큰 드론을 만들어야 한다. 결국, 또 예산이 들어간다.

[그림 6-14]는 DJI의 항공 촬영 전문가용으로 개발된 인스파이어(Inspire)에 사용되는 젠뮤즈(ZENMUS) X5R은 4K RAW 이미지 촬영이 가능한 전문가용 카메라와 3축 짐벌로 구성되어 가격은 약 400만 원에 달한다. 물론 여기에 좀 더 좋은 카메라와 렌즈를 추가한다면 웬만한 경차 가격을 금방 넘긴다. 만약 성능이 좋은 적외선 카메라를 장착한다면 이제 중형차 가격 이상을 지급해야 할 것이다.

[그림 6-14] DJI 항공 촬영용 드론인 인스파이어에 장착된 ZENMUS 카메라와 짐벌

6.5.4 짐벌의 종류

짐벌의 종류는 회전축(rotation axis)의 수에 따른 구분과 사용되는 모터의 형식에 따른 구분이 있다. 회전축(rotation axis)의 수에 따라서 1축 짐벌, 2축 짐벌, 3축 짐벌로 구분되고 있으며 현재 가장 보편적으로 사용되는 짐벌은 3축 짐벌이다. 최근에 방송에 사용되는 전문 짐벌에는 3축 외에 2포지선이 추가되어 사실상 5축 짐벌로 불리고 있다고 한다.

1축 짐벌은 서보모터가 하나인 짐벌로 주로 카메라의 상하 움직임인 틸트 각도(틸트 각도 또는 피치)를 조종한다. 1축 짐벌은 주로 영상 품질이 크게 중요치 않은 FPV 소형 레이싱 드론에 사용되어 드론이 고속 비행하면서 앞으로 숙여지는 각도를 보정하여 카메라를 수평으로 유지해 준다. 만약 레이싱 드론의 FPV 카메라에 짐벌이 없다면 속도가 가속됨에 따라서 기체가 점차 앞으로 기울어지고 카메라는 바닥을 보고 비행하게 될 것이다. 과거 레이싱 드론용 짐벌은 저렴한 서보모터를 많이 사용하였는데 최근에는 브러시리스 모터를 사용하는 제품도 나와 있다.

일반적인 드론은 주로 2축, 3축 짐벌을 사용한다. 2축 짐벌은 주로 상하 움직임(Pitch)과 좌우 움직임(Roll)을 조정하여 카메라에서 나온 영상 데이터를 흔들림 없이 안정적으로 보내 주는 역할을 한다. 3축 짐벌에 비하여 가벼워서 보다 비행시간이 긴 장점이 있는 반면에 카메라가 회전하는 수평 움직임(Yaw)에 취약하다. 따라서 2축 만으로는 흔들림 없는 완벽한 영상을 보여주기 어렵기 때문에 주로 FPV용으로 실시간 영상을 전달해 주는 데 많이 사용한다.

3축 짐벌은 상하 움직임(Pitch), 좌우 움직임(Roll), 회전 움직임(Yaw)의 3축으로 카메라를 안정화함으로써 2축보다 훨씬 개선된 카메라 촬영의 질을 얻을 수 있다. 따라서 전문적인 항공 영상이나 사진 촬영을 한다면 3축 짐벌이 필수이다. 3축 짐벌은 2축 짐벌보다 선명하고 안정된 촬영 영상이나 사진을 얻는 장점이 있는 반면, 가격이 보다 비싸고 무게가 많이 나가는 단점이 있다. 따라서 짐벌도 드론의 사용 목적에 따라서 선택을 해야 할 것이다.

[그림 6-15] 일반적으로 짐벌에 사용되는 서보모터(좌)와 브러시리스 모터(우)

짐벌은 사용되는 모터에 따라 서보짐벌(Servo gimbal)과 브러시리스 짐벌(Brushless gimbal)로 구분할 수 있다. 사실 브러시리스 모터는 서보모터의 한 종류이다. 서보모터는 상대적으로 가볍고, 민첩성이 좋으며, 가격이 저렴한 장점이 있다. 또한, 브러시리스 모터와 달리 별도의 컨트롤러(ESC)가 필요 없이 FC에 직접 연결하여 사용하면 된다. 즉, 사용하기가 쉽다. 이러한 사유로 앞에서 언급한 1축 짐벌의 사례에서처럼 레이싱 드론에 많이 사용된다. 반면에 서보모터는 모터의 기계적 한계로 인해 촬영된 영상에 떨림 현상(Jitter)이 나타난다.

브러시리스 모터는 스피드를 제어하기 위해 개발된 모터로 서보모터보다 훨씬 빠르고 부드럽게 반응하여 짐벌의 안정화 기능이 보다 뛰어나다. 따라서 브러시리스 짐벌로 촬영한 사진이나 영상이 서보 짐벌보다 훨씬 선명하고 노이즈가 적다. 단점은 위에서 언급한 대로 무겁고 값비싸며, 별도의 컨트롤러(ESC)가 필요하며, 다소 복잡할 수 있는 초기 설정이나 PID 튜닝을 해주어야 한다. 최근에는 단순한 연결만으로 사용할 수 있게 사전에 설정이 되어서 나오는 브러시리스 짐벌도 출시되었다.

역시 선택의 포인트는 짐벌의 사용 목적이다. 고품질의 영상 촬영이 목적이라면 브러시리스 짐벌을 사용해야 할 것이고, 단순한 FPV를 위한 저렴한 짐벌의 구현이라면 서보 짐벌을 선택해야 할 것이다.

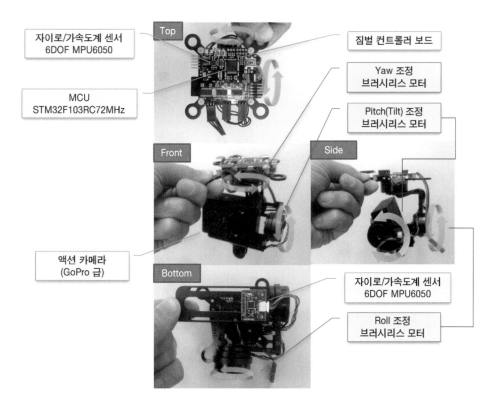

자이로/가속도계 센서
6DOF MPU6050

MCU
STM32F103RC72MHz

액션 카메라
(GoPro 급)

Top

Front

Side

Bottom

짐벌 컨트롤러 보드

Yaw 조정
브러시리스 모터

Pitch(Tilt) 조정
브러시리스 모터

자이로/가속도계 센서
6DOF MPU6050

Roll 조정
브러시리스 모터

[그림 6-16] 스톰32 BGC 보드 기반 3축 브러시리스 짐벌

(1) 스톰32(STorM32) 3축(Axis) 짐벌 소개

본 도서의 목적이 스스로 드론을 제작해 보고자 하는 사람들과 연구를 막 시작하고자 하는 개발자들을 위한 기본서이므로, 고가의 짐벌보다는 성능은 다소 떨어지지만 저렴하고 비용 대비 쓸만한 오픈소스로 개발된 짐벌인 3-Axis STM32 브러시리스 짐벌 컨트롤러(Brushless Gimbal Controller)를 중심으로 설명하겠다. 스톰32 짐벌은 저가인 만큼 고가의 DSLR 카메라보다는 다소 소형인 GoPro급 액션 카메라나 미러리스 카메라에 적합하다.

스톰32 3축 짐벌은 OliiW에 의해 시작된 스톰32 BGC(Brushless Gimbal Controller) 보드 프로젝트에 기원한다. OliiW는 2011년 RC 헬리콥터와 아두이노에 사용되는 아트멜칩에 기반한 프로젝트를 공개할 블로그를 개설한 이후로 2013년 스톰32 BGC 보드의 첫 번째 회로기판을 공개하였다. 그의 프로젝트 업그레이드는 현재까지 계속되어 스톰32 BGC 보드는 오픈소스 짐벌의 대표적인 컨트롤러로 인식되고 있다.

그의 프로젝트는 세 가지로 구성되어 있다. 스톰32-BGC 컨트롤러 보드에 대한 프로젝트, 이 보드에 사용되는 펌웨어(Firmware o323BGC) 개발 프로젝트, 그리고 짐벌 컨트롤러의 설정을 위한 툴(Windows GUI o323BGCTool) 프로젝트가 그것이다.

아래 관련 사이트를 방문하면 보드에 대한 많은 정보를 얻을 수 있고 최신 펌웨어와 설정 툴을 다운로드 받을 수 있다.

① OliiW의 블로그

http://www.olliw.eu/

② STorM32 - BGC 컨트롤러 프로젝트

http://www.olliw.eu/2013/storm32bgc/#termsofusageboard

③ 펌웨어(Firmware o323BGC) 프로젝트

http://www.olliw.eu/2013/storm32bgc/#termsofusagefirmware

④ 설정 툴(Windows GUI o323BGCTool) 프로젝트

http://www.olliw.eu/2013/storm32bgc/#termsofusagegui

(2) 픽스호크(PixHawk)과 함께 사용할 스톰32 3축 짐벌을 선택하기

기본적인 항공 촬영을 위해 픽스호크를 비행 컨트롤러로 사용하는 타로(Tarot) 650급 쿼드콥터에 스톰32 BGC 짐벌을 연결하기로 하였다.

먼저, 스톰32 BGC 보드의 버전을 선택하여야 한다. 위의 컨트롤러 프로젝트 사이트에 가면 버전별 하드웨어를 확인할 수 있다. 최근에 2.4버전까지 나왔지만 가장 오랜 기간 검증된 1.3버전 중 최신인 1.32버전을 선택하였다.

두 번째, 보드의 버전을 선택했으면 그에 적합한 브러시리스 모터와 프레임, IMU, 선등을 구매해야 한다. OliiW는 스톰32 BGC 프로젝트를 활용하여 허락에 관계없이 상업적으로 비상업적으로 짐벌을 제작할 수 있도록 허용하고 있다. 따라서 부품으로 구입하기보다는 [그림 6-17]의 HaKRC 스톰32 짐벌을 구매하였다.

※ 스톰32의 고안자 OliiW는 스톰32 BGC를 활용한 짐벌을 만드는 것을 권장하므로 여러분 만의 짐벌을 만들어 보는 것도 좋은 프로젝트가 될 것이다.

다음 표에는 스톰32 BGC 1.32 보드의 사양을 정리하였다.

※ STorM32 BGC 1.32 보드의 사양

- MCU: STM32F103RC at 72 MHz
- 전압 레귤레이터 방식: linear
- on-board 6DOF IMU (MPU6050)
- 후타바 S-BUS
- 7개의 PWM/Sum-PPM 입력/출력 연결핀
- 추가 I2C port (I2C#2)
- BUT port
- 모터 전류: 1.5 A
- 보드 사이즈: 50 mm x 50 mm, 홀간 거리 45 mm, 홀지름 ⌀ 3 mm

- 모터 드라이버: DRV8313
- on-board Bluetooth (선택)
- IR led
- 스펙트럼 satellite
- 3축 조이스틱 포트
- 3개의 aux 포트
- 공급 전원 : 9 - 18 V 또는 3 - 4S

[그림 6-17] HaKRC 스톰32 짐벌과 위에서 본 스톰32 BGC 1.32 보드

　　MCU는 ARM 코어를 사용한 ST 마이크로 일렉트로닉스의 STM32F103RC 72MHz 칩을 사용한다. 아두이노 우노나 아두이노 프로미니에 사용되는 16MHz ATMel 328P 칩의 경우도 멀티위 비행 컨트롤러, 사이몬.K ESC 등에 많이 사용되는 것을 고려하면 72MHz 처리 속도로 짐벌 컨트롤러에는 충분한 성능을 가졌다고 본다.

짐벌에는 안정화 기능을 수행할 수 있는 센서로서 보드 위에 1개 그리고 카메라 고정판 밑에 1개, 총 2개의 관성 측정 장치(IMU) MPU6050을 포함하고 있다.

짐벌 보드에는 비행 컨트롤러와 수신기, 짐벌에 연결할 수 있는 다양한 핀이 구성되어 있다. PWM/Sum - PPM 핀은 직접 픽스호크의 Aux핀에 연결할 수도 있고, 수신기를 추가로 사용한다면 PPM 방식의 수신기에 직접 연결할 수도 있다. 후타바 S-BUS, 스펙트럼 세털라이트(satellite)와 같은 수신기와의 연결의 편의를 위헤 별도의 핀을 구성하였다.

스톰32 짐벌의 입력 전원은 9- 18V이고 3S 또는 4S의 리포배터리를 사용하여 전원을 공급한다.

(3) 픽스호크와 스톰32 3축 짐벌의 연결

픽스호크에 짐벌을 설정하는 방법은 짐벌의 사용 목적과 짐벌의 종류에 따라 다양하다. 따라서 목적과 하드웨어를 설정한 후 설정방법을 고민해야 한다.

① 짐벌 제어 시나리오

GoPro급의 카메라를 탑재하여 드론의 비행 방향에 따라 다소 선명하고 안정적인 영상을 촬영하고, 추가적으로 지상에서 RC 송신기로 짐벌의 틸트(Tilt) 각(Pitch)을 조종하여 포지션 홀드 시 카메라를 수평에서 지면 방향으로 90도까지 컨트롤하면서 촬영할 수 있도록 설정한다.

[그림 6-18]과 같이 완성된 모습으로 RC 조종기의 오른쪽 측면에 있는 회전 스위치(Knob)를 사용하여 카메라를 수평에서 아래 방향으로 90도까지 회전하게 설정을 하였다. 물론 필요하다면 요(Yaw) 제어를 통해서 카메라를 RC 조종기에서 스위치로 좌우로 회전시킬 수도 있으나 설명의 편의를 위해서 피치(Pitch) 제어만을 다룬다.

픽스호크와 스톰32 3축 짐벌을 갖고 지상에서 짐벌의 틸트(Tilt) 각을 제어하기 위해서는 기본적으로 9채널 이상의 RC 송수신기가 필요하다.

[그림 6-18] 650급 드론에 장착된 스톰32 3축 짐벌을 송신기로 컨트롤하는 장면

그 이유는 픽스호크는 기본적으로 1~4번의 4개 채널을 피치, 롤, 스로틀, 요(Pitch, Roll, Throttle, Yaw)와 같이 비행에 할당한다. 그리고 5번 채널(CH5)은 통상 6개의 비행 모드 설정에 할당한다. 6번 채널(CH6)은 짐벌의 설정에 할당되어 있다. 7번 채널(CH7)은 기체의 비행 중 자동 PID 튜닝인 자동 튜닝(Auto Tune), 카메라 트리거 등 다양한 기능을 미션 플래너(Mission Planner)에서 설정하게 되어 있다. 그리고 1, 2개 채널을 별도 RC 조종기 스위치에 활당하여 페일 세이프(Fail Safe)나 시동 걸기(Arming) 기능을 사용하기도 한다. 위에서 설정한 드론은 추가적으로 짐벌과 자동 펼침 랜딩 기어(Retractable landing gear) 두 개의 채널을 추가적으로 사용하였다. 따라서 16채널 PPM 모드의 지원이 가능한 FrSky 타라니스 X9D 플러스(Taranis x9D Plus)와 X8R 16채널 수신기를 사용하였다. 이 송수신기는 많은 채널 수 외에도 프로그래밍하는 데 있어 장점이 있다. OpenTX라는 오픈소스 기반 RC 송신기 프로젝트에 기반하는 펌웨어를 사용하여, PC와 연결하여 GUI툴을 활용하여 모델 설정을 할 수 있고 설정한 모델의 설정값을 PC에 다운로드 받아 수정하여 다른 모델을 위해 RC 조종기에 업로드하여 사용할 수 있다. RC 조종기의 모델을 설정해본 경험이 있다면 버튼을 전후좌우로 이동하면서 오랜 시간에 걸쳐 모델을 설정하는 성가심을 경험해 보았을 것이다.

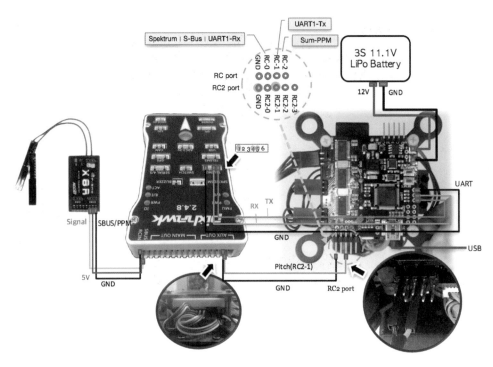

[그림 6-19] 픽스호크과 스톰32 BGC 보드, X8R 수신기 간 연결도

픽스호크와 Storm32 짐벌, 수신기 간의 선연결은 복잡하지 않다. 아래에 기기 간의 선 연결 핀을 간단하게 설명하였다.

① X8R 수신기

SBUS 핀(Signal, 5V, GND) ⇔ 픽스호크 RCIN 핀(Signal, 5V, GND)

② 스톰 32 GCB 보드

RC2 port 핀(GND, RC2-1) ⇔ 픽스호크 Aux2 핀[RC10](Signal, GND)

UART 핀(GND, RX, TX) ⇔ 픽스호크 Telem2 핀(GND, TX, RX)

짐벌보드와 비행 컨트롤러 간에 통신이 가능하도록 스톰 32 BGC 보드에 있는 RC2 포트(port)의 RC2 - 1핀과 픽스호크의 Aux2(RC10)에 연결해 준다. RC2 포트는 PWM 신호를 통해서 짐벌의 3축을 제어할 수 있도록 핀이 할당되어 있다. 피치 제어에는 RC2-1핀이 할당되어 있다.

※ 스톰 32 BGC는 RC 포트와 RC2 포트 두 종류의 포트를 갖고 있다. RC 포트는 PPM 수

드론, 입문부터 제작까지 사물인터넷을 활용한 드론 DIY 가이드

신기와 연결이 가능한 아날로그 PPM 포트와 SBUS와 같은 디지털 포트, UART로 구성되어 있고 RC2는 PWM 포트로 비행 컨트롤러의 AUX나 PWM 수신기에 연결이 가능하다. RC2 port의 RC2-0, RC2-1, RC2-2는 각각 짐벌의 피치, 요, 롤을 PWM 방식으로 제어하도록 되어 있으나, 아래 보드처럼 RC2-0, RC2-1이 각각 요, 피치를 제어하도록 되어 있는 경우도 있다. 이는 오픈소스로 누구나 회로기판을 제작 판매가 가능하도록 하여 발생하는 문제로서 보드 구매 시 반드시 서보의 동작을 확인하면서 연결하여야 한다. RC 포트에 대한 연결은 다음 링크를 참조한다. (http://www.olliw.eu/storm32bgc-wiki/Configure_the_RC_Input)

X8R 수신기와 픽스호크의 통신을 위해서는 X8R수신기의 SBUS 포트와 픽스호크의 RCIN을 연결해 준다. 이 연결은 짐벌의 피치 제어를 위한 RC 송신기의 신호를 비행 컨트롤러에 전달해 줄 뿐만 아니라 드론의 제어와 관련된 모든 채널 신호를 전달해 준다. 픽스호크와 RC 송수신기 간 연결에 대하여 자세히 알고 싶으면 다음 링크된 아두파일럿 사이트를 참조한다. (http://ardupilot.org/copter/docs/common-pixhawk-and-px4-compatible-rc-transmitter-and-receiver-systems.html)

마지막으로 짐벌의 UART 포트와 픽스호크의 Telem2 포트를 연결해 준다. 이 연결을 짐벌 컨트롤러와 비행 컨트롤러와 MavLink로 쌍방향 통신이 가능하게 해준다. MavLink를 통해 짐벌 컨트롤러는 픽스호크의 USB를 통해서 PC의 설정 툴(Windows GUI o323BGCTool)과 쌍방향 통신이 가능하게 된다.

(4) 미션 플래너(Mission Planner)의 짐벌 설정

위와 같이 모든 선의 연결이 끝마쳤으면, 스톰32 BGC 짐벌과 비행 컨트롤러가 Mavlink로 통신할 수 있도록 프로토콜을 설정해 주어야 한다. 미션 플래너의 전체 파라미터(Full Parameter) 메뉴로 가서 아래와 같이 변수를 설정해 주어야 한다. Telem2 포트를 사용하므로 아래와 같이 설정해 준다.

① SERIAL2_BAUD="115"

② SERIAL2_PROTOCOL="Mavlink"

③ BRD_SER2_RTSCTS="0"

자세한 내용은 아두파일럿의 다음 사이트를 참조한다. (http://ardupilot.org/copter/docs/common-storm32-gimbal.html)

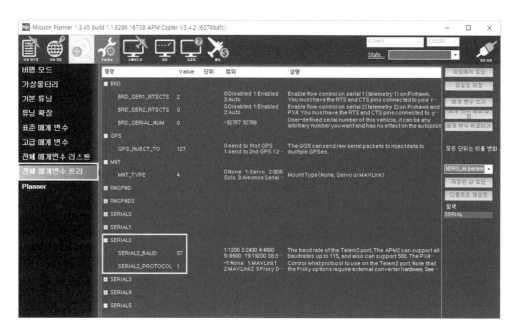

[그림 6-20] 미션 플래너에서의 Telem2 포트 사용 설정

(5) 스톰32 3축 짐벌의 설정

짐벌 설정에 앞서 위에서 링크한 펌웨어 프로젝트 사이트를 방문하여 최신 펌웨어를 다운로드한 후에 아래 그림의 설정 툴(Windows GUI o323BGCTool)을 활용하여 업그레이드를 한다. 펌웨어를 업그레이드했다면 설정 툴을 활용하여 기본 설정(Basic Configuration)을 하고 설치된 짐벌에 장착된 IMU의 가속도계가 최적의 성능을 내도록 켈리브레이션을 해준다. 짐벌의 설정에 대한 상세한 내용은 다음 링크를 참조한다. (http://www.olliw.eu/storm32bgc-wiki/Getting_Started)

이제 [그림 6-21]의 설정 툴을 활용하여 스톰32 BGC 짐벌을 설정하는 방법을 간략히 순서대로 설명한다. 설정 툴은 펌웨어 업그레이드(Flash Firmware), 가속도계 켈리브레이션(Calibration), 짐벌 컨피그레이션, PID 설정 등과 같이 각각의 목적에 맞게 페이지를 선택하고 설정하게 되어 있다. 짐벌 설정 전체를 설명하는 것은 본 책의 목적에 부합하지 않으므로 간단하게 페이지마다 설정하는 내용을 간략히 설명할 것이니, 궁금한 내용은 위에 링크된 URL을 참조한다.

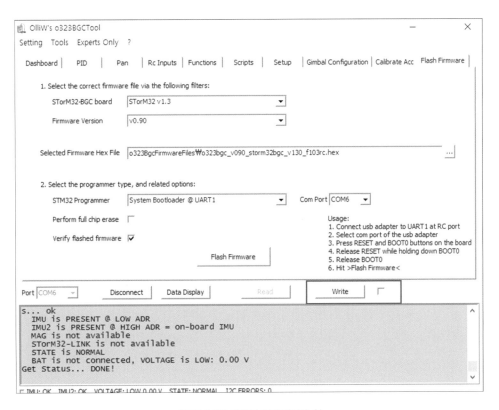

[그림 6-21] 펌웨어 업그레이드 창

- 펌웨어 업그레이드(Flash Firmware) : 스톰32 BGC 보드는 오픈소스로 개발되므로
  처음부터 완벽한 펌웨어로 공개되지 않는다. 이러한 이유로 매우 빈번히 버그 등
  의 개선을 위해 펌웨어 버전이 업데이트된다. 따라서 짐벌 설정을 들어가기 전에
  개선된 펌웨어로 업그레이드해주는 것이 바람직하다.

펌웨어 업로드를 위해서는 [그림 6-22]의 FTDI RS23L 시리얼 컨버터가 필요하다.

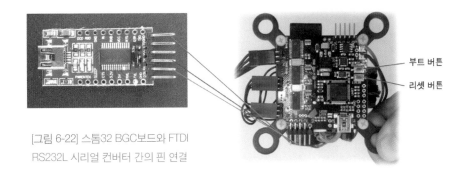

부트 버튼

리셋 버튼

[그림 6-22] 스톰32 BGC보드와 FTDI
RS232L 시리얼 컨버터 간의 핀 연결

시리얼 컨버터의 GND, Rx, Tx 핀을 스톰32 BGC 보드에 있는 RC 포트의 UART 포트인 각각 GND, RC-1(Tx), RC-0(Rx)에 점퍼선을 통해 연결해 준다. 그리고 USB 케이블선을 PC에 연결해 준다.(RC포트의 위치는 앞에 설명한 연결도 참조) 그 다음에 [그림 6-22]와 같이 설정 툴의 플래시 펌웨어(Flash firmware) 메뉴로 이동하여 아래 순서대로 실행한다.

① 페이지에서 포트를 선택해 준다([그림 6-22]에서는 COM6).
② 스톰32 BGC 보드의 버전과 펌웨어 버전을 선택해 준다.
③ 프로그래머 타입을 선택하고 플래시된 펌웨어를 확인한다. 여기서 프로그래머 타입은 RC 포트의 UART 통신을 활용하므로 'System Bootloader@UART'를 선택해 준다.
④ 보드 위에 있는 리셋 버튼과 부트 버튼을 동시에 누른다.
⑤ 부트 버튼을 누른 상태에서 리셋 버튼에서 손을 뗀다.
⑥ 리셋 버튼에서 손을 뗀다.
⑦ 설정 툴 화면의 플래시 펌웨어(Flash Firmware) 버튼을 누른다.

※ 플래시 펌웨어 업그레이드를 위해서는 전원을 공급해 줘야 하므로 USB 케이블을 PC에 연결해 주거나, 12V 리포 배터리를 연결해 준다. 아래 링크는 굿럭바이(GoodluckBuy)에서 만든 STorM32 보드 플래시 유튜브 동영상이다. 백문이불여일견이다. (https://www.youtube.com/watch?v=HwaHjRw1Qqg)

펌웨어 업그레이드를 끝마쳤으면 USB 케이블을 STorM32 보드의 USB 커넥트와 PC에 연결해 주고 통신 포트를 선택해 주고 연결(Connect) 버튼을 눌러주면 [그림 6-23]과 같은 화면이 나타난다. 화면에는 펌웨어 버전과 보드 버전이 나타나고, IMU와 모터 상태, 배터리 연결 상태 등의 정보를 보여 준다.

※ 향후 설정 툴의 모든 설정 작업 후 위 그림의 붉은색 박스처럼 체크와 함께 쓰기(Write) 버튼을 클릭해 준다. 쓰기 버튼을 클릭해 줘야만 보드에 수정 내용이 저장된다.

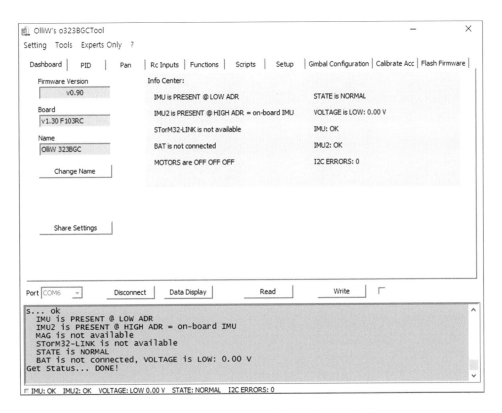

[그림 6-23] 스톰32 BGC 보드와 설정 툴이 연결된 후 화면

- 짐벌 구성(Gimbal configuration) : 설정 중 가장 중요한 부분으로 관성 측정 장치의
  방향(IMU Orientation)과 모터 파라미터의 값을 설정해 준다. 즉, 짐벌의 수평 레벨
  과 정확한 방향을 잡아 주는 작업이라고 할 수 있다. 이 작업이 적절하게 수행되지
  않으면 기본적인 짐벌의 조작에도 문제가 생긴다. 짐벌 구성을 위해서는 카메라를
  포함하여 모든 구성품이 조립되어 있어야 하고, 중간에 배터리 전원을 공급해 주어
  야 하므로 12V 리포배터리를 준비해 둔다.

[그림 6-24]는 스톰32 짐벌과 PC와 연결된 후 짐벌 구성창에서 나타나는 화면이다.
피치, 롤, 요의 모터 폴수는 최근 판매되는 버전에는 모두 14폴로 구성되어 있어 수
정할 필요가 없다. 모터 방향도 역방향으로 수정할 필요는 없다. 시작 모터 위치와
오프셋 값도 수정할 필요는 없다.

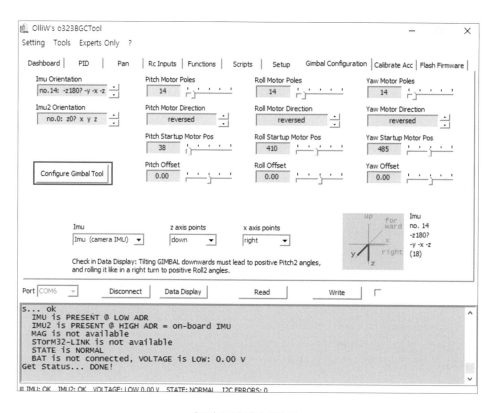

[그림 6-24] 짐벌 구성 창

IMU값을 매뉴얼로 수정해 주기는 쉽지 않지만 다음 짐벌 구성 툴(Configure Gimbal Tool) 프로그램 덕에 손쉽게 구성을 할 수 있다. 짐벌 구성 툴을 통해서 IMU 방향 설정, 모터 방향 설정, 피치, 롤, 요 모터 좌표 설정 등 1단계(Step I)와 2단계 (Step II)의 구성 작업을 수행한다.

설정 작업은 [그림 6-25] 짐벌 구성 툴의 창에 표시된 메시지를 따라가면서 계속 버튼을 누르면서 진행하기만 하면 된다. 이 역시 말로 설명하기보다는 동영상이 쉽게 이해할 수 있어 알렉산더(Alexsander C)의 유튜브 동영상을 링크한다. (https://youtu.be/bIWaaKQvZWg)

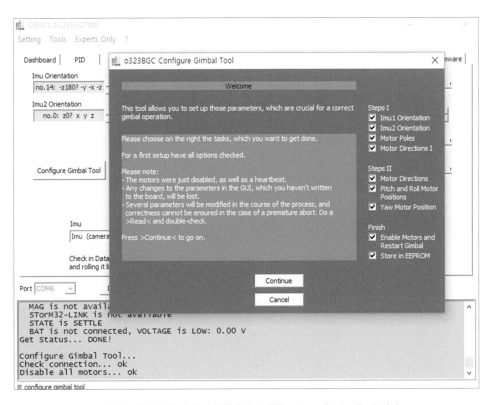

[그림 6-25] 짐벌 구성 창에서 짐벌 구성 툴(Configure Gimbal Tool) 설정

▪ 가속도계 켈리브레이션(Calibration ACC) : 켈리브레이션 없이도 짐벌이 어느 정도
는 작동된다. 하지만 관성 측정 장치(IMU) 센서 내의 가속도계가 최적의 성능을 나
타내기 위해서는 켈리브레이션을 해주어야 한다. 짐벌의 개발자에 따르면 짐벌 구
성 후, ACC 켈리브레이션을 하도록 추천한다. 하지만 조립 전에 하는 게 완전한 수
평을 유지하는 데 도움이 된다. 조립 후에도 카메라 IMU쪽에 적절히 수평을 맞출
수 있게 책 등으로 밑에 고여 주면 충분히 완전한 켈리브레이션을 할 수 있다.

ACC 켈리브레이션에는 원 포인트(1-Point) 켈리브레이션과 식스 포인트(6-Point)
켈리브레이션이 있다. 원 포인트 켈리브레이션은 하나의 방향으로 수평을 유지하고
켈리브레이션을 수행하는 반면에, 식스 포지션 켈리브레이션은 6개의 방향으로 켈
리브레이션을 하는 방법이다. 원 포인트 켈리브레이션이 식스 포인트 켈리브레이션
보다 훨씬 간단하고, 이론적으로도 두 방법상의 차이가 입증되지 못하여 결과가 크
게 차이 나지 않는다는 평가가 일반적이라 원 포인트 켈리브레이션을 권장한다.

식스 포인트 켈리브레이션을 하고자 한다면 다음 사이트에 링크된 동영상을 참조한다. (URL:http://www.olliw.eu/storm32bgc-wiki/Calibration)

원 포인트 켈리브레이션을 수행하기 위해서는 먼저 [그림 6-26]에 표시된 IMU 선택 메뉴에서 해당 IMU를 선택해 준다. 스톰32 짐벌은 카메라 고정대에 달려 있는 카메라 IMU와 짐벌 보드에 있는 세컨드 IMU가 있다. IMU를 선택했으면, '켈리브레이션 버튼(Run 1-Point Calibration)'을 눌러 켈리브레이션을 수행한다. 두 개의 IMU에 대하여 개별적으로 위의 과정을 수행한다.

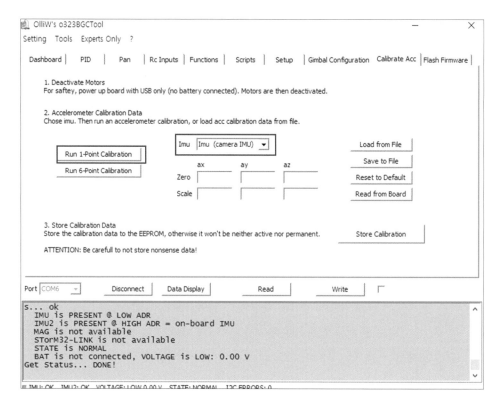

[그림 6-26] 원 포인트 켈리브레이션 창

[그림 6-27]은 원 포인트 켈리브레이션 버튼을 눌렀을 때 나타나는 켈리브레이션 작업 창이다. 작업 창이 뜨면서 작업 창 안의 가속도계 데이터 값들이 빠르게 변화하다가 일정한 시간이 지나면 거의 변화하지 않는 상태가 된다. 이때 그림에 붉은색으로 표시된 '현재값 수락(Accept Current Reading)'을 누르고 OK 버튼을 누르면 켈

리브레이션이 완료된다. 켈리브레이션이 종료되면 아래 창의 '켈리브레이션 저장하기' 버튼을 눌러 켈리브레이션 값을 저장한다. ACC 켈리브레이션 값은 향후에도 계속 사용할 수 있도록 저장해 둔다.

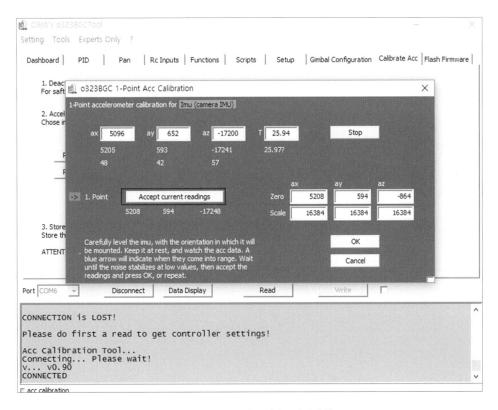

[그림 6-27] 원 포인트 켈리브레이션 창

• PID 켈리브레이션 : 이 단계에 이르러서 짐벌은 어느 정도 카메라를 안정화시킬 수 있을 것이다. 하지만 일반적으로 카메라는 아직 완전히 안정화된 상태가 아니다. PID 켈리브레이션 없이 짐벌이 부드럽게 잘 작동된다면 디폴트 값으로도 충분하지만, 카메라가 이상하게 흔들리거나 고주파의 노이즈 소리를 낸다면, PID 값이 완전히 잘못된 것으로 PID 튜닝이 필요하다. [그림 6-28]은 디폴트 PID값을 나타낸다. 테스트를 한 결과 카메라의 흔들림이 다소 있다. 즉, 전문적인 촬영을 하기에는 PID 켈리브레이션이 필요하다.

PID는 비례(Proportional), 적분(Integral), 미분(Derivative)의 약자로서, 제어에 많

이 사용되는 파라미터이다. PID 제어는 현재의 상태와 미래의 상태 사이의 차이를 측정하고, 하나의 공식을 그 차이에 적용함으로써 그 차이를 줄이는 방법으로 사용된다. 원리는 드론의 PID 튜닝과 유사하다. 목적으로 하는 카메라 위치에 빠르게 반응하고자 원한다면 높은 P값을 설정하면 된다. 카메라가 너무 급격하게 반응하지 않게 하고 P값의 영향력을 감소시키고자 한다면 I값을 높게 설정한다. D값은 P값에 의한 과도한 반응을 방지하는 브레이크와 같은 완충 장치를 해준다.

PID 튜닝 절차는 아래와 같다. PID 튜닝은 모터 축 하나씩 수행을 한다. 설정(Setup) 창에서 모터 사용 금지 설정(Disable All Motors) 버튼을 활용하여 모든 모터의 작동을 중지시킨 후 피치, 롤, 요의 모터를 각각 기능하도록 설정(Enable)하면서 PID 튜닝을 수행한다.

① PID 튜닝에 앞서 카메라를 짐벌의 중심에 장착하였을 때, 균형을 잘 유지하고 있어야 한다. 즉, 모터의 전원을 넣지 않은 상태에서 카메라를 3개의 축 방향으로 조금씩 회전시켰을 때 중력에 의해 어느 한쪽으로 복원되거나 기울어지지 않고 균형을 유지하고 있어야 한다. 이것은 드론의 PID 튜닝에 앞서 드론의 기체 프레임이 잘 균형을 잡고 있어야 PID 튜닝의 효과가 극대화될 수 있는 것과 같다.

② PID 튜닝에 앞서 짐벌 설정 툴의 값을 설정해 주어야 한다. 짐벌 설정 창의 '팬(Pan)' 메뉴에서 피치 팬(Pitch Pan), 롤 팬(Roll Pan), 요 팬(Yaw Pan)을 제로로 설정하거나, 팬모드 디폴트 설정(Pan Mode Default Setting)을 '유지', '유지', '유지(hold hold hold)' 상태로 설정하여야 한다. 그리고 배터리는 완전히 충전되거나 방충되지도 않은 약 셀당 3.7V 정도 전압을 유지해야 한다.

③ 모터 Vmax 패러미터를 설정해 주어야 한다. 모터 Vmax 패러미터는 모터 PWM 값으로 짐벌의 모터에 적용되는 에너지의 크기를 설정하는 것이다. 즉, 모터가 얼마나 힘있게 움직이는가를 설정해 준다고 보면 된다. Vmax 값은 1~255 사이에서 결정되는데, Vmax 값이 너무 높으면 빠르게 힘있게 모터가 작동되는 반면 진동이 발생되기 쉽고, 배터리 소모가 크고 모터에 열이 많이 발생한다. Vmax 값이 지나치게 낮게 설정되면 고정된 위치를 유지하지 못하고 모터가 완전히 자유롭게 회전한다. 따라서 Vmax 패러미터 설정은 배터리 소모가 적고, 진동이 발생하지 않으면서 적절히 원래 위치로 복귀하는 값을 찾는 것이다.

테스트 방법은 피치 모터를 상하로 움직여 보고 원위치로 복귀하는 속도와 발생되는 진동을 관찰하고 최적의 값을 찾으면 된다. 롤과 요 모터도 동일한 방법으로 순서대로 Vmax 값을 찾아준다.

④ 이제 본격적으로 피치, 롤, 요의 PID 튜닝을 수행할 차례이다. PID 튜닝은 일반적으로 안정적으로 작동하는 P, I, D값 중 가장 높은 값을 찾는 것이다. 그 이유는 값이 높을수록 외곡이 더 잘 보정되고 위치를 더 정확하게 유지하기 때문이다. D값은 직접적으로 카메라의 운동에는 관련이 없지만 미래에 발생한 요동(oscillations)을 완화시키는 역할을 한다. D값이 낮으면 낮은 주파수에 노이즈와 함께 큰 진폭이 발생한다. 반면에 D값이 높으면 높은 주파수에 진폭이 작아진다. D값을 낮은 값에서 높은 값으로 입력해 보면서 가장 안정성이 좋고 진폭이 적은 값을 찾는다.

P값을 설정하기 전에 낮은 I값을 설정한다. P값은 타겟과의 오차를 해소하기 위한 보정값을 갖기 위해 좌표 에러값(Positional error)에 곱해진다. P값이 크면 큰 보정값을 갖고 P값이 너무 크면 타겟 위치를 지나치는 오버슈팅(Overshooting)이 일어난다. 따라서 P 튜닝의 목적은 높은 P값을 갖고 부드러운 운동을 하는 것이다.

I값은 안정의 정확도에 중요한 역할을 한다. 그이유는 P값을 엑셀러레이터로 가정하고 I를 브레이크로 가정하면 쉽게 이해할 수 있을 것이다. 신속하고 정확하게 목표에 도달하기 위해 가속을 하지만 빠르고 정확하게 위치에 도달하기 위해서는 브레이크가 필요하다. I값 튜닝의 목표는 부작용 없이 가장 높은 I값을 설정하는 것이다. I값이 너무 높을 경우 피치 축을 예를 들면 수평을 유지하기 어렵고, 진동이 발생할 수 있다.

사실 PID 튜닝을 하는 것은 드론의 PID 튜닝과 마찬가지로 쉽지도 않고 다소 지난한 반복 과정을 필요로 한다. 따라서 정말 전문가적 설정에 도전해 보고자 하지 않는다면 기존에 디폴트 설정을 사용하기를 권장한다. 일반적으로 벤더들이 어느 정도 적용 가능한 PID 값을 넣어 놓았다. PID 튜닝에 도전할 마니아들을 위해 링크를 걸어 놓았다. (http://www.olliw.eu/storm32bgc-wiki/Tuning_Recipe)

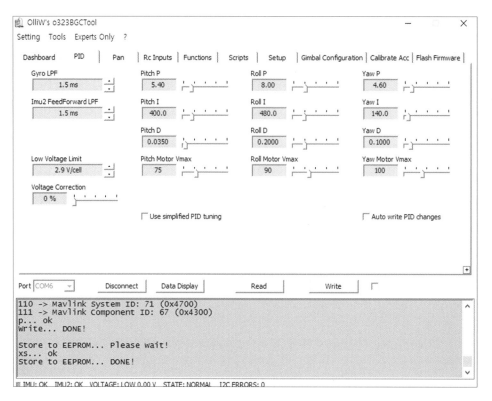

[그림 6-28] PID 켈리브레이션 창

- 팬(Pan) 모드 설정 : 팬 모드 설정은 짐벌 설정 툴의 '팬(Pan)' 창에서 할 수 있다. 팬 창에서는 팬 모드의 설정뿐만 아니라, 팬 모드의 스피드와 팬 모드 동작이 시작 하는 각도를 설정할 수 있게 되어 있다.

스톰32 짐벌에는 홀드 모드(Hold mode)와 팬 모드(Pan mode)가 있다. 홀드 모드 는 드론이나 짐벌의 프레임이 어떻게 움직이든지 현재의 포지션을 유지하는 것이 다. 반면에 팬 모드는 드론이 360도로 회전하면서 파노라마 사진을 찍을 때처럼 요 (Yaw) 방향으로 흔들림 없이 안정적으로 사진을 찍을 수 있도록 부드럽게 카메라 짐 벌이 드론의 회전을 따라서 회전하게 해주는 기능이다. 지금 예에서는 요의 경우만 설명하였는데 피치, 롤도 팬 모드를 설정할 수 있다. 가장 일반적인 팬 모드 설정은 각각 피치, 롤, 요에 대하여 '홀드 홀드 팬'의 모드로 설정해 준다.

팬 모드 설정은 여러 개로 해놓고 '팬' 창의 팬 모드 컨트롤(Pan Mode Control) 설 정을 통해 RC 송신기로 제어할 수 있다. 팬 모드 컨트롤에서 비행 컨트롤러에 연결된 스톰32 BGC 보드의 RC 포트를 선택해 주게 되어 있다. 이러한 작업을 위해서는 송신기의 채널이 추가적으로 더 필요하다.

- RC 입력(Input) 설정：RC 입력창(RC Inputs)은 RC(라디오 송신기)의 피치, 롤, 요를 스톰32 BGC 보드의 RC 포트에 매칭시키는 기능을 하고 RC 송신기로 조종할 수 있는 모드를 선택할 수 있게 해준다. RC 송신기로 피치, 롤, 요를 제어하는 방식은 절대적(Absolute) 모드와 상대적(Relative) 모드가 있다. 절대적 모드는 절댓값 각도에 기반하여 움직인다. 반면에 상대적 모드는 RC 송신기로 피치를 특정 값만큼 회전시켰다면 다음 회전은 회전된 위치부터 다시 입력된 각도만큼 회전한다. 그 외에 회전 각도의 최댓값과 최솟값을 설정할 수 있고, 회전 속도도 설정할 수 있다. 또한, RC 송신기의 스위치 변경에 따라 적절히 회전하도록 RC 트림 기능이 있다.

지금까지 다양한 설정 창들이 있는데 그 외에 고급 사용자들을 위한 설정 창들이 존재한다. 기능(Functions) 창은 적외선 리모콘으로 카메라를 컨트롤 하는 기능이 있어 카메라의 셔터와 비디오 촬영을 리모콘으로 제어할 수 있다. 또한, PWM 출력 기능이 있다. 소니넥스(Sony Nex)와 캐논(Cannon) 카메라는 직접 짐벌 보드의 IR 포트에 연결할 수 있고, 파나소닉 카메라는 약간의 핀 작업이 필요하다. 스크립트(Scripts)창은 파이썬과 같은 코드로 작성된 스크립트로 카메라 모션을 제어하거나 입력값에 의해 짐벌 컨트롤러의 행동을 제어할 수 있게 되어 있다.

지금까지 스톰32 짐벌 툴을 통한 주요한 설정을 설명하였다. 이제 스톰32 BGC 보드와 Mavlink를 통해 픽스호크 비행 컨트롤러와 연결을 할 차례이다. 미션플래너와 짐벌 보드와의 연결을 통해서 RC 송신기의 채널 설정과 함께 RC 송신기를 통한 피치 컨트롤 시 정확히 수평에서 아래로 90도로 회전하도록 일종의 교정 작업을 해주어야 한다. 그 전에 설정의 마지막 작업으로 짐벌 설정 툴에서 'Mavlink 구성'을 하트비트 송출(emit heartbeat)로 설정해 준다.

미션 플래너에서의 설정에 앞서 앞에서 설명했듯이 미션 플래너에서 짐벌 컨트롤에 할당된 채널 #6를 [그림 6-29]처럼 RC 송신기에 채널을 할당해 준다. 아래 송신기 디스플레이에서는 #6채널에 슬라이더(Slider) 스위치를 할당하고, 카메라틸트(Cam - tilt)라고 명칭을 부여하였다. 슬라이드 스위치는 회전함에 따라 값을 변화시켜 주므로 각도를 조정할 때 최적이다.

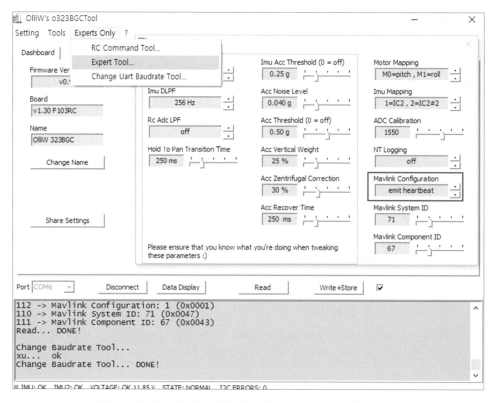

[그림 6-29] SToRM32 BGC 짐벌 설정 툴(Windows GUI o323BGCTool)

[그림 6-30] RC 송신기에 짐벌 피치 조정용 채널 및 스위치 할당

이제 짐벌 설정의 마지막인 미션 플래너에서의 설정이다. [그림 6-31]처럼 먼저 짐벌 유형에 'STorM32MavLink'를 선택해준다. 그리고 틸트(Tilt)에 RC10을 선택해 준다. RC10은 픽스호크의 AUX2를 의미한다. 틸트 안정화를 체크해 주고 입력 채널을 RC6로 설정해 준다. RC6는 채널 #6를 의미한다. 피치 즉 카메라 틸트 각도를 제어하기 위한 세팅을 완료되었다. (Arducopter 펌웨어가 3.5.X 버전 이상은 RCX 용어가 SERVOX로 변경되었다. 여기서 X는 번호를 의미한다.) 이제 짐벌과 픽스호크를 연결하고(연결 그림은 처음에 선 연결도를 참고한다.) 리포배터리를 연결한 상태에서 RC 조종기를 켜고 슬라이드 스위치를 조금씩 작동시켜 본다. 처음에는 원하는 90도만큼 아래로 정확히 회전하지 않을 것이다. 미션 플래너의 '서보(Servo) 제한'과 '각도 제한' 값을 조금씩 변경해 보면서 슬라이드 스위치의 최대·최솟값이 정확히 피치의 0도와 90도가 될 때까지 반복적으로 조정 작업을 한다.

이상으로 다소 전문적 사용자들을 위한 짐벌의 설정에 대하여 소개하였다. 좀 더 도전을 해보고자 한다면 카메라 셔터를 RC 조종기로 트리거시키는 설정도 해보기를 바란다.

출처 : diyDrone

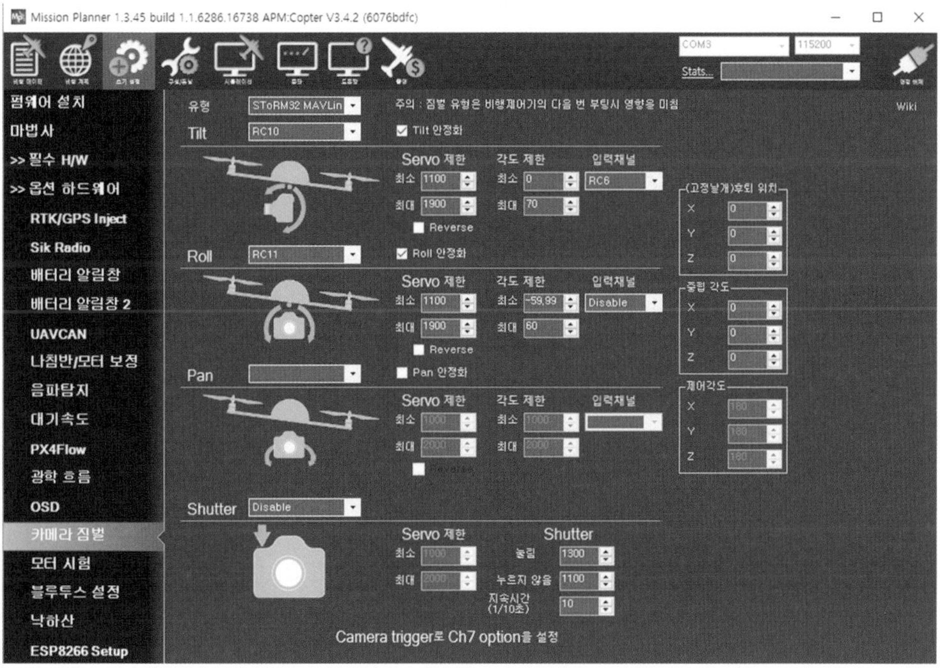

[그림 6-31] 미션플래너 짐벌 설정

PART 07

조종 및
운영 모드

조종 및 운영 모드

지금까지 드론의 원리와 구조, 플랫폼, 추진력 설계, 드론의 통신 등 전반적인 드론의 배경 지식을 설명하였다면, 이제 본격적으로 드론을 활용할 수 있는 조종기의 조작 및 드론을 가지고 미션을 수행할 수 있는 운영 모드에 대하여 알아보겠다.

드론을 조종하여 미션을 수행한다는 것은 단순히 RC 송신기의 스틱을 움직이는 것 외에 송수신기 간에 채널을 설정하고, RC 송신기 시스템과 모델에 대한 설정을 하고, 송신기의 모드 선택의 의미를 이해해야 하고, RC 송신기의 구조를 이해하여야 가능하다. 즉, RC 시스템 전반에 대한 어느 정도의 이해가 필요하다는 것이다. 사실 이러한 이해 과정은 드론의 제작 과정과는 다소 독립적으로 RC 송신기를 구매하는 과정에서 습득하게 된다.

문제는 RC 송신기 브랜드마다 다소 상이한 설정과 조작 방법을 갖고 있고, 가격도 천차만별이다. 어떤 브랜드는 SBUS와 위성 수신기와 같은 다소 하이엔드 기능을 활용할 수 있고, 송수신기 간에 쌍방향 통신을 통한 텔레메트리도 지원한다. 어떤 브랜드는 그 흔한 LCD 디스플레이도 없는 저렴한 조종기도 있다. 결국, RC 송신기를 선택한다는 것은 크건 적건 간에 드론 사용자들이 하고자 하는 미션 수행의 범위와 관련되어 있다.

따라서 RC 시스템 전반에 대한 설명에 앞서, RC 송신기 선택의 기준에 대하여 필자의 경험을 통해 설명하려고 한다. 또한, RC 송신기를 다루는 방법을 배우면서 필자가 겪었던 고충을 감안하여 RC 시스템 설정과 조작, 구조에 대하여 간략히 설명하고자 한다.

※ 최근에는 RC 송수신기를 묶어서 RC 시스템(Radio Control System)으로 많이 부르고 있다.

7.1 RC 시스템의 선택 기준

RC 시스템을 선택하는 기준은 궁극적으로는 수행하고자 하는 미션의 목적을 고려하여야 할 것이다. 하지만 문제는 대부분의 드론에 대한 초보자는 RC 시스템에 대해서는 더 지식이 부족하다는 것이다. 또한, 조작법 등 학습 시간이 상당히 오래 걸린다. 이럴 경우 가격이 중요한 기준이 될 수 있을 것이다. 또 다른 관점은 RC 시스템의 확장성이다. 드론의 프로젝트가 단 한 번의 일회성 프로젝트가 아니라 지속적으로 업그레이드가 필요한 프로젝트라면, RC 송신기 시스템도 그에 상응하는 확장성이 있어야 할 것이다. 이와 같이 RC 시스템을 목적, 비용, 확장성의 관점에서 선택의 방법을 필자 나름대로 정리하여 보았다.

7.1.1 비기너의 선택 – 가격

일반적으로 드론을 처음 만들면 사실 가장 고민하는 부분은 RC 송수신기를 어떤 브랜드를 선택하느냐일 것이다. 사실 RC 시스템은 30달러짜리 터니지(Turnigy) 브랜드부터 1,000달러 이상의 고가 후타바 브랜드까지 다양하게 존재한다. 물론 고가로 갈수록 일반적으로 사용할 수 있는 채널 수도 많아지고, 활용할 수 있는 기능성과 안전성도 좋아진다.

처음부터 신뢰할 만한 브랜드 제품을 구매하라는 조언도 많은데 수십만 원 이상을 쉽게 지불하기는 어려운 결정이다. 필자는 처음에는 저렴한 6채널 정도의 50~60달러 이하의 LCD 디스플레이 창이 있는 RC 시스템을 구매할 것을 추천한다.

그 이유는 먼저, 드론에 관심을 갖고 처음 드론을 제작하게 되지만 과거 RC 마니아의 정착 과정에서 보듯이 초기 허들을 넘지 못하고 정착하지 못하고 떠나는 경우도 많다. 일례로, 처음 제작해 봤는데 생각보다 어렵고, 또는 일종의 밴드웨곤 효과로 시작된 드론 제작이 처녀비행 시 추락하였는데 다시 제작하기에는 크게 매력을 못 느낄 수도 있다. 이러한 경우 수십만 원에 구매한 송수신기는 커뮤니티에 중고로 팔 수도 있지만 손해를 감수해야 한다. 몇 번 날려 보지 못하고 팔아야 한다면 어쨌든 손해가 발생할 것이다.

또 다른 이유는 드론의 제작은 원하는 목적에 따라 학습 시간이 상당히 필요한데, 그중에서도 RC 시스템은 학습이 가장 늦게 일어나는 분야이다. 따라서 처음부터 본인이 원하는 기능을 충실히 또는 더 효율적으로 구현해 내는 송수신기를 찾아내기는 어렵다. 일례로 좀 더 전문적인 촬영이 필요로 하는 FPV가 되고, 텔레메트리 기능을 갖춘 3축 짐벌과 자동 펼침 랜딩기어를 구현하는 것은 초보자들이 할 수 있는 것이 아니다. 적어도 몇 개월간 취미용 드론을 날려 보고 기본적인 조종 기술과 드론의 배경 지식을 습득해야 할 수 있는 도전이다. 그리고 이러한 학습 과정 중에서도 가장 나중에 학습이 일어나는 분야가 RC 시스템 구현 분야이다. 따라서 다양한 브랜드와 특장점을 갖고 있는 RC 브랜드 중에서 초보자 입장에서 미래에 구현할 드론을 예상하고 적합한 RC 시스템을 찾는 것은 거의 어렵다고 본다.

저렴한 RC 시스템을 구매하는 데 있어 한 가지 고려해야 할 점은 LCD 디스플레이 창의 유무이다. 토이용 드론의 경우 디스플레이가 없는 경우도 많은데, LCD 창이 있는 RC 시스템의 경우 기본적인 RC 켈리브레이션, 모델 설정, RC 시스템 설정, 주파수 믹싱(Mixing) 등이 가능하게 되어 있다. 이러한 점들은 상위 RC 시스템으로 넘어가기 전에 기본적으로 알아야 하는 부분이고, 상위 기종의 브랜드를 선택하기에 앞서 습득해야 하는 기본적인 지식이 된다.

7.1.2 확장성 – 오픈 소스(Open Source) 또는 클로즈드 소스(Closed Source)

RC 시스템의 확장성은 최근에 드론의 혁신 속도를 고려하면 중요한 선택의 요소가 될 것이다. 그 이유는 드론에 다양한 혁신적 기술이 도입됨에 따라 과거의 RC 분야에서 사전 정의된 기능을 손쉽게 프로그래밍하여 RC 모델을 날린다는 개념을 최근의 복잡한 드론의 미션 설정에 적용하기에는 어렵게 된 측면이 크다. 이러한 이유로 최근 혁신을 지속적으로 반영한 RC 시스템을 구성하고 싶다면 확장성이 큰 RC 시스템을 선택할 필요가 있다.

드론을 중심으로 조종 및 운영에 일어난 혁신의 단계를 구분하면 드론 이전의 메뉴얼 조정 단계, 비행 컨트롤러의 도입과 9축 센서의 본격 활용 단계, GPS에 기반한 자동 운항 및 텔레메트리의 대중화 단계, 카메라 센서에 기반한 정밀 자세 제어 알고리즘 도입 단계, 자율 비행 혁신 단계 이렇게 구분해 볼 수 있다. 이러한 드론과 관련한 혁신의 단계에 따라 드론에 사용되는 RC 시스템은 복잡한 프로그래밍 방식이 추가되면서 발전해 오고 있다.

과거의 드론이 대중화되기 이전에 브랜드 중심의 RC 시스템은 오랫동안 RC 커뮤니티의 니즈를 반영하여 노콘(No Control)이 일어나지 않는 신뢰성 있는 주파수 기술과 드론의 안전한 비행 및 추락 예방을 위해 독자적인 텔레메트리 시스템 중심으로 발전해 왔다.

비행기, 헬기, 글라이더와 같이 할 수 있는 비행 모드들이 많지 않아 RC 마니아들도 스스로 별다른 혁신의 여지가 없었고, RC 브랜드 회사들도 변화가 빠르지 않은 RC 세계에서 사용자들이 좀 더 안전한 비행과 고가인 RC 기체의 사고를 예방하는 텔레메트리에 집중하였다. 이러한 방식들은 오랜 시간 점진적으로 발전해 왔기 때문에 오래된 RC 브랜드 업체들은 주로 완성도 높은 기능을 독자적으로 구현해 놓고 RC 마니아들이 사용할 수 있도록 가이드 해주는 방식으로 RC 시스템을 발전시켜 왔다.

하지만 최근에 위에서 언급한 드론에 일어난 혁신의 속도를 고려한다면, 기존의 RC 브랜드들이 적응할 수 없는 단계에 도달했다. 여기서 개방형 혁신(Open Innovation)이 본격화되었다. 후타바, 스펙트럼 같은 RC계의 빅 브랜드들이 주로 사전에 정의된 기능에 기반하여 신속하고 손쉬운 프로그래밍을 하는 것에 초점을 맞춘 반면, 새롭게 DIY 커뮤니티 중심으로 일어나는 혁신을 RC 시스템에 적용하기는 매우 어렵게 되어 있거나 심지어 적용할 수 없는 경우도 발생했다. 또한, 가격도 중요한 이슈가 되었다.

따라서 RC 커뮤니티 내에서는 5 ~ 6년 전부터 기존에 단순하고 다소 표준화된 하드웨어 구조를 바탕으로 그 위에서 작동하는 소프트웨어를 완전히 새롭게 작성하여 저렴하고 새로운 기능의 추가가 손쉬운 아키텍처를 갖는 일종의 플랫폼과 같은 er9x, 오픈TX(OpenTX), Deviation TX 등의 오픈소스 RC 펌웨어가 개발되기 시작되었다.

출처 : www.open-tx.org

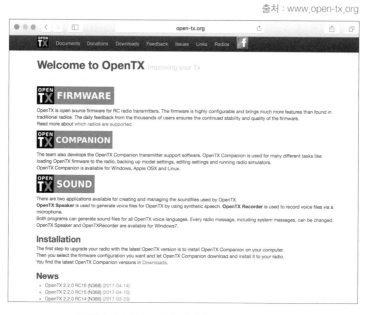

[그림 7-1] 오픈소스 RC 펌웨어인 OpenTX 사이트

오픈 TX RC 펌웨어는 FrSky의 타라니스 X9D 플러스의 펌웨어로도 사용되고 있다. FrSky 타라니스 X9D 플러스는 드론 인사이더(Drone Insider), 드론 업리프트(Drone Uplift)와 같은 커뮤니티에서 2017년 베스트 RC 송신기로 선정되기도 했다. 위 송신기는 32개 채널을 믹싱할 수 있고, 로지컬 스위치는 거의 무한한 구성을 할 수 있다고 한다. 즉, 사용자가 캔버스에 그림을 그리듯이 원하는 기능을 구현해 낼 수 있는 것이다. 오픈소스의 정신은 RC 펌웨어에 국한되지 않고 RC 하드웨어에도 반영되어 있다. 언급된 타라니스 송수신기는 내부에 저장된 16채널의 RF 모듈 외에 별도의 RF 모듈을 추가하면 32채널까지 채널 수를 확장할 수 있고 다중 통신 제어(Multiplexing control)가 가능하다. 즉, 하나의 송신기 하드웨어로 두 개의 송신 시스템을 운영하는 것과 같다. 터니지 9X(Turnigy 9x)는 독자적 RC 펌웨어를 사용하지만 er9x와 같은 오픈소스 펌웨어로 쉽게 업그레이드가 될 수 있게 구성되어 있고, 자체 RF 모듈은 경쟁사로 볼 수도 있는 성능이 보다 뛰어난 FrSky RF 모듈로 교체가 될 수 있도록 개방적으로 구성되어 있다. er9x, 오픈 TX와 같은 오픈소스 RC 펌웨어의 또 다른 장점은 PC나 Mac 컴퓨터 환경에서 GUI 툴을 활용하여 손쉽게 채널 설정과 같은 프로그래밍을 할 수 있다는 것이다. 앞에서 언급된 타로 650급 촬영 드론은 6개의 비행 모드를 갖고 짐벌, 랜딩 기어를 포함하여 10채널 이상을 활용하고 있다. 이와 같이 복잡한 프로그래밍을 송신기의 조그 다이얼이나 푸시 버튼을 통해서 하는 것은 매우 번거롭고 시간이 가는 작업이다. RC 오픈소스 펌웨어는 컴퓨터에 케이블을 연결하여 설정 툴로 기존 모델의 프로그래밍 데이터를 다운로드 받아서 이를 기반으로 복사, 붙여넣기 등을 하면서 손쉽게 편집, 수정해가며 새로운 드론 모델의 프로그래밍을 완성할 수 있다.

확장성의 관점에서 오픈소스 기반의 RC 펌웨어는 장점이 크지만 단점도 있다. 단점은 기존의 브랜드 RC 시스템 사용자라면 믹싱, 로지컬 스위치 설정 등과 같은 기존의 RC 시스템과는 다르고 경우에 따라서 매우 복잡해 보이는 새로운 기능을 학습하는 기간이 필요하다는 것이다. 물론 개인에 따라서 학습곡선(Learning curve)도 다르게 나타날 수 있다. 즉, 어떤 개인에게는 능숙해지기에 매우 오랜 시간이 걸릴 수도 있는 것이다. 하지만 일단 기본적인 기능과 개념을 숙지하고 나면 캔버스에 그림을 그리는 것처럼 이제까지는 불가능했던 다소 복잡한 설정을 할 수 있게 된다. 즉, 위에서 소개된 타로 650급 드론에서 6개의 비행 모드를 위해 각각 1개의 2단 스위치와 3단 스위치를 활용하여 믹싱을 하고 짐벌과 랜딩 기어에 별도의 채널과 스위치를 할당할 수 있다. 또한, 로지컬 스위치를 활용하여 설정된 스로틀 PWM 값에 의해 랜딩 기어가 자동적으로 펼치고 닫히게 설정할 수 있을 것이다.

이제 RC 시스템의 확장성과 오픈소스 RC 시스템의 장단점에 대하여 설명을 했으니 누가 확장성이 큰 RC 시스템을 선택해야 하는지에 대한 필자의 생각을 정리하였다. 먼저, 위의 타라니스와 같은 확장성이 큰 오픈소스 기반 RC 시스템은 초보자가 사용하기는 어렵다. 어느 정도 드론과 RC 송수신기를 활용한 통신에 대한 이해가 되어 있는 중급 이상의 사용자여야 할 것이다. 드론의 제작을 통해 구조와 원리를 막 습득하고 조종 방식을 알아 가는 단계에서 복잡한 RC 시스템의 기능을 배우는 것은 초보자가 필요한 지식에 비해 너무 과한 것이다. 또 다른 관점은 연구 개발이든 마니아 관점이든 드론 시스템을 지속적으로 업그레이드시키고 새로운 기술을 조기에 시험해 보는 얼리어댑터(Early adapter)라면 확장성이 가장 좋은 타라니스 RC 시스템이라면 최선의 선택이 될 수 있다. 타라니스는 제품의 하드웨어적 완성도나 RC 펌웨어의 확정성의 관점에서 최고의 RC 시스템 중의 하나이지만 여전히 30만 원 이상의 가격이 고민이 된다면 대안이 있다. 10만 원대의 터니지 9XR나 FlySky 9X와 같은 10만 원대의 저렴한 송수신기의 RF 모듈을 FrSky RF 모듈로 업그레이드하고, 독자 RC 펌웨어를 er9x나 OpenTX 펌웨어로 업그레이드하는 것이다. 비록 이와 같은 방법으로 소프트웨어적인 확장성을 확보하지만 스위치의 수량이나, 하드웨어의 견고성과 통신의 신뢰성과 같은 부분은 기존의 RC 송신기를 활용하는 것이므로 타라니스보다는 못할 것이다. 하지만 적은 예산으로 개인적 실험을 해보자고 한다면 시도해볼 만하다.

7.1.3 드론 운영의 목적 – 취미용 vs 산업용(전문가용)

RC 시스템을 설정하는 데 있어 드론의 운영 목적도 중요한 선택 고려사항이다. 일반적으로 취미용, 채널 수가 6채널 이하는 상대적으로 저가의 RC 시스템이 사용된다. 반면에 산업용 채널 수가 많은 RC 시스템은 상대적으로 고가의 RC 시스템을 많이 사용한다.

단순 취미로 레이싱을 즐기는 드론이라면 6채널 정도의 기본기에 충실한 RC 시스템이면 될 것이지만, 동호회에서 또는 드론 레이싱 단체에서 주관하는 레이싱 대회를 출전하는 전문 드론 레이서라면, 다소 출력이 높은 FPV 5.8GHz 주파수와 2.4GHz 주파수가 밀집해서 사용되는 레이싱 환경을 고려해서, 그라우푸너(Graupenr) mz-12나 타라니스 X9D 플러스와 같은 신뢰성이 높은 브랜드 RC 시스템을 구매하는 것이 간혹 목격되는 노콘(No control)을 고려한다면 바람직하다. 이 경우 타라니스는 비록 채널은 다 활용하지 못하지만 가격 대비 신뢰성이 높은 RC 시스템으로 선택을 한다.

제작하고자 하는 드론이 농업용 드론, 환경 감시용 드론과 같은 고가의 산업용 드론을 목적으로 한다면, RC 시스템의 확장성보다는 노콘으로 인한 기체 추락의 리스크가 중요한 관심사가 될 것이다. 한 대에 천만 원이 넘는 고가의 분광기가 달려 있고 드론 기체의 가격만 천만 원이 넘는 대형 드론으로 운영되는 산업용 드론에서 추락으로 인해 발생하는 재산상의 피해는 수천만 원에 달할 수 있어 백만 원 정도의 RC 시스템을 구매하는 것과는 비교할 바가 못 된다. 이런 경우 수십년 동안 RC 시스템에서 빅 브랜드로 시장을 선도한 신뢰성 있는 후타바, 스펙트럼과 같은 고가 빅 브랜드 제품이 우선적으로 고려될 수 있다.

또 다른 관심사는 조종 거리(Range)이다. 산업용 드론으로 법적인 승인을 받고 1km 이상의 장거리 비행이 필요한 미션에 투입된다면 타라니스, 후타바와 같은 고성능 RC 시스템이 필요하다. 통상 빅 브랜드의 하이엔드 제품의 조종 거리는 통신 환경에 따라 큰 차이가 있지만, 1.5km 이상으로 알려져 있고 일반적인 저가 RC 시스템은 500~600m의 거리 이하에서 조종이 가능한 것으로 알려져 있다.

※ 참고:어느 정도 드론 마니아 생활을 하다 보면 노콘으로 인해 조종이 안 되는 드론을 쫓아가며 발을 동동 굴리는 동료를 목격하게 될 때가 올 것이다. 필자도 그런 경험을 한 적이 한 번 있었는데, 미사리 비행장에서 동료와 함께 드론을 날리던 필자는 터니지 9x를 활용하여 250급 드론을 조종하던 필자의 동료가 멀리 한강 너머로 날아가는 자신의 드론을 보며 황당해 하던 표정을 잊을 수 없었다. 터니지 9X는 우수한 가성비에 비해 간혹 노콘으로 일어나는 것으로 알려져 있으니 통신 모듈을 FrSky DJT 모듈로 교체 업그레이드해 줄 필요가 있다.

다음은 참고할 수 있게 필자가 경험해 본 많이 사용되는 다양한 RC 시스템의 사진과 사양을 정리하였다. 비록 필자가 경험하지 못한 스펙트럼, JR, 하이텍 같은 빅 브랜드들이 제외되어 있지만 최근에 많이 사용되고 드론 커뮤니티에서 많이 언급되는 RC 시스템을 선정하였다.

※ 드론에 사용되는 다양한 RC 시스템 (모델 사진)

Turnigy 6X 6채널 송신기

FlySky FS-i6 6채널 송신기

FrSky Taranis X9D Plus 16채널 송신기

Graupner mz-12 6채널 송신기

Turnigy 9X 9채널 송신기

Futaba T14SG 14채널 송신기

※ 드론에 사용되는 다양한 2.4GHz RC 시스템 (사양)

브랜드	상품 정보		사양		특장점
Futaba T14SG	제조사	Futaba Corporation	채널 수	14채널	- Futaba의 FASST, FASSTest, SFHSS, FHSS 프로토콜과 호환되어 Futaba의 모든 2.4GHz 수신기를 사용 가능 - SBUS로 한 수신기에 16개까지 서보를 연결 가능
	원산지	중국(대만)	도달 거리	1~1.5km	
	가격대	80~100만원	프로토콜	FASSTest	
	인증	제조사 인증	텔레메트리	가능	
	프로그램 Mix가능	5개	펌웨어	독자	
FrSky Taranis X9D Plus	제조사	FrSky Electronic Co., Ltd.	채널 수	32채널	- 오픈소스인 OpenTX를 사용하여 PC, Mac에서 모델을 생성, 편집, 관리할 수 있고 송신기를 시뮬레이션할 수도 있음 - 믹싱(Mixing) 툴에 강점이 있어 32개를 프로그래밍할 수 있고 다중통신 (Multiplexing) 제어 가능 - 부품 및 모듈을 모드 별도 구매 가능
	원산지	중국	도달 거리	1~1.5km	
	가격대	30~40만원	프로토콜	ACCST	
	인증	수입사 인증	텔레메트리	가능	
	프로그램 Mix가능	32개	펌웨어	오픈소스 (OpenTX)	
Graupner/ SJ mz-12	제조사	에스제이 주식회사	채널 수	6채널	- 제조사가 한국 기업으로 국내 A/S가 가능(성지전자가 독일 Graupner사 인수) - 조종기 스틱을 Mode 1, Mode 2로 쉽게 변경 가능 - 텔레메트리용 옵션 센서 (GPS, 연료, 온도, 전압, 전류)를 저렴하게 구매 가능
	원산지	한국(중국)	도달 거리	1~1.5km	
	가격대	약 20만원	프로토콜	FHSS	
	인증	제조사 인증	텔레메트리	가능	
	프로그램 Mix가능	5개	펌웨어	독자	

※ 참고 : Graupner mz-12는 Pixhawk/PX4 비행 컨트롤러와 PPM 모드로 통신이 되지 않아 별도의 PWM 인코더가 필요하다.

Turnigy 9X	제조사	FLYSKY Model Ltd	채널 수	9채널
	원산지	중국	도달 거리	500m
	가격대	약 60달러	프로토콜	AFHDS
	인증	인증없음	텔레메트리	N/A
	프로그램 Mix가능	8개	펌웨어	독자

- 합리적인 가격으로 9채널을 지원. DIY 분야에서 많이 활용
- 상위 RC 시스템의 업그레이드 플랫폼으로 많이 활용 (FrSky의 텔레메트리 모듈을 적용하거나, 펌웨어를 오픈 ER9x, OpenTX로 플래싱이 용이)

FlySky FS-i6	제조사	FLYSKY Model Ltd	채널 수	6채널
	원산지	중국	도달 거리	500m
	가격대	약 50달러	프로토콜	AFHDS
	인증	수입사 인증	텔레메트리	N/A
	프로그램 Mix가능	3개	펌웨어	독자

- 가장 큰 장점은 작은 사이즈와 무게, 4개의 AA 배터리만 사용(통상 8개)
- Turnigy 9X 사용자에게 익숙한 설정 메뉴
- 초보자에게 사용하기 쉽고 기능성이 좋음

7.2 RC 송수신기 종류에 따른 채널 순서(Channel Order)

위에 설명한 다양한 RC 시스템의 종류와 선택의 기준을 참고하여 이제 본인의 목적에 맞는 RC 시스템을 구매했다면, RC 송신기 설정에 앞서 가장 먼저 해야 할 것은 드론의 비행 컨트롤러의 롤, 피치, 스로틀, 요 핀을 수신기의 매칭되는 채널에 연결해 주어야 한다.

여기서 주의해야 할 점은 비행 컨트롤러의 조종면(롤, 피치, 스로틀, 요)의 연결 핀은 정해져 있지만, 수신기에 채널의 번호에 할당된 조종면(롤, 피치, 스로틀, 요)은 브랜드마다 상이하다는 점이다. 즉, RC 시스템의 브랜드에 따라서 CH1, CH2, CH3, CH4에 각각 할당된 롤, 피치, 스로틀, 요의 순서가 다르다. 이런 채널 순서의 브랜드별 상이함은 오랜 시간 독자적으로 발전해 온 과거 RC 시스템의 역사를 반영한다고 할 수 있다.

'채널의 순서(Channel Order)는 송수신기 브랜드마다 다르나 가장 많이 사용되는 채널 순서는 AETR(일명 Futaba 순서) 순서이다. 채널의 순서는 처음 4개의 채널이 송신기 스틱과 연결되는 순서를 설명하고, 스틱의 모드(Stick Mode) 선택과 관계가 없이 독립적

으로 작동한다. AETR 순서는 후타바, 터니지, 플라이스카이, 라디오링크(RadioLink) 등 많은 대중적 송수신기 브랜드들에 적용되고 있고, TAER는 스펙트럼의 DSM2, DSMX, JR의 DMSS, 그라우프너 등에 적용되고 있고, RETA는 오픈소스 송수신기 펌웨어인 FrSky, ER9x 등이 적용하고 있다.'

아래 표는 채널의 순서에 따른 채널의 할당을 나타낸다.

채널 순서	송수신기 채널의 할당			
	CH1	CH2	CH3	CH4
AETR	에일러론(Aileron) 또는 롤(Roll)	엘리베이터(Elevator) 또는 피치(Pitch)	스로틀(Throttle)	러더(Rudder) 또는 요(Yaw)
RETA	러더(Rudder) 또는 요(Yaw)	엘리베이터(Elevator) 또는 피치(Pitch)	스로틀(Throttle)	에일러론(Aileron) 또는 롤(Roll)
TAER	스로틀(Throttle)	에일러론(Aileron) 또는 롤(Roll)	엘리베이터(Elevator) 또는 피치(Pitch)	러더(Rudder) 또는 요(Yaw)

[표 7-1] 채널의 순서에 따른 채널의 할당

아래는 가장 흔한 채널 순서인 일명 후타바 방식으로 PWM 수신기를 멀티위 계열의 오픈 메이커 랩 보드(Open Maker Lab Board)에 연결한 그림이다. 1개의 신호선만을 비행 컨트롤러에 연결하면 끝나는 PPM 방식의 수신기나 SBUS와 같은 디지털 방식의 수신기와 달리 PWM 방식의 수신기는 잘못된 채널 순서로 수신기와 보드를 연결하는 경우가 종종 발생한다. 따라서 새로운 수신기로 연결할 경우 메뉴얼을 숙지하고 채널 순서를 확인하고 연결해야 한다.

수신기 채널과 FC(아두이노)의 핀과의 연결

CH1 (Roll)	⇔	D4핀
CH2 (Pitch)	⇔	D5핀
CH3 (Throttle)	⇔	D2핀
CH4 (Yaw)	⇔	D6핀
CH5 (AUX1)	⇔	D7핀

주의 :
- 수신기에 +, - 선을 거꾸로 연결하거나 시그널에 +선을 연결할 경우, 수신기가 고장나고 화재가 날 수 있다.
- 송수신기의 바인딩 및 연결은 반드시 메뉴얼을 통해서 사전에 숙지하여야 한다.

[그림 7-2] PWM 수신기의 AETR 채널 순서로 비행 컨트롤러 보드와의 연결

7.3 RC 송신기 Mode – 스틱 배치

RC 송수신기의 브랜드에 맞게 수신기의 채널을 비행 컨트롤러에 연결해 주었으면 이제 본격적으로 RC 송신기를 설정해 주어야 한다. 먼저 RC 송신기의 스틱의 배열을 선택해준다. RC 송신기는 조종의 편의와 개인적 선호를 고려하여 RC 송신기의 조종 스틱의 위치를 선택할 수 있게 되어 있다.

RC 송신기는 송신기 스틱의 배열에 따라 모드(Mod) 1과 모드(Mode) 2가 있다. 모드 1은 스로틀 스틱이 오른쪽에 있고 피치 스틱이 왼쪽에 있는 반면, 모드 2는 스로틀 스틱이 왼쪽에 있고 피치 스틱이 오른쪽에 있다. 즉, 방식의 차이는 스로틀과 피치 스틱의 위치이다. 최근에 그라우프너 mz-12같은 많은 송수신기를 분해하여 스틱을 교체할 수 있도록 RC 시스템 메뉴에 모드 선택 기능을 제공하고 있다. 통상 제품이 출시될 때, 모드에 따라 스틱이 배치되어 제품명과 함께 [Model 1] 이런 식으로 표기되어 출시되고 시스템에서 모드를 선택해 줄 필요가 없다. 하지만 스틱을 교체한다면 모드 설정을 RC 송신기 시스템에서 다시 해주어야 한다.

과거에는 RC 송신기 모드를 선택하는 데 있어 지역적으로 차이를 보였다. 유럽과 아시아는 주로 모드 1을 선택하였는데, 북미는 주로 모드 2를 선택하였다. 그 이유는 필자가 추측건대, 드론이 확산되기 이전 RC 비행기 시대에 아시아와 유럽은 좁은 지역적 특성으로 주로 아기자기한 곡예비행을 중심으로 RC 문화가 발달되어, 피치 스틱과 요우 스틱을 한 손으로 조종이 가능하여 선회 등의 곡예비행이 편한 모드 1 방식이 발달해 오지 않았나 생각한다. 반면은 북미는 드넓은 대륙적 특성상 곡예비행보다는 멀리 날리는 시원함을 RC 비행기에서 찾지 않았나 생각한다. 모드 2 방식을 사용해 보면 초보자의 경우 스로틀 스틱으로 고도를 일정하게 유지하면서 요우 스틱으로 회전을 하는 게 매우 어렵게 느껴진다.

최근에 드론이 보편화되면서 한국에도 모드 2가 많이 사용되고 있다. 그 이유는 드론은 기본적으로 RC 비행기와 달리 기체를 안정적으로 유지하는 스테빌라이저와 고도를 일정하게 유지하는 고도 유지 비행 모드가 있어 요우 조정 시 스로틀 유지의 어려움이 크지 않다.

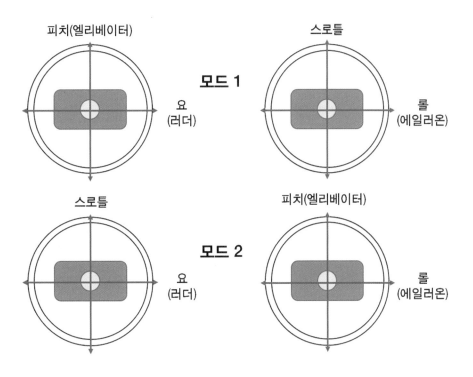

[그림 7-3] RC 송신기 모드 1과 모드 2 방식의 스틱 구조

7.4 RC 송신기의 구조에 대한 이해(FlySky FS-i6 2.4G 6CH, 모드 2)

송수신기의 구조를 설명하기 위해 엔트리 레벨의 RC 시스템으로서 가성비가 좋은 플라이스카이 FS-i6 2.4GHz RC 시스템을 선택하였다.

플라이스카이 FS-i6 6채널 시스템은 엔트리 레벨로서 10만 원 이하로 텔레메트리를 구성할 수 있고 많은 사람에 익숙한 터니지 9x의 OEM 제조사인 플라이스카이에 의해 제조되어 설정법에 익숙할 수도 있으며 상대적으로 설정하기가 쉽다. 이 송수신기는 LCD 모니터가 있어 송수신기의 상태를 모니터로 확인할 수 있다. 저렴한 가격뿐만 아니라 크기도 작고 배터리도 AA4개만을 필요로 하여 무게도 상대적으로 가볍다. 또한, 국내에서 인증 제품도 구할 수 있다.

단점은 6채널이라 레이싱 드론이나 초보자용 드론에 적합할 수 있으나 APM이나 픽스호크 같은 비행 컨트롤러의 기능을 충분히 활용하기에는 채널 수가 부족하다. 또한,

구매 시 기본으로 공급되는 수신기인 FS-iA6는 PWM 방식이다. PPM 방식으로 픽스호크와 같은 컨트롤러와 연결하고자 하면 FS-iA6B 수신기를 별도로 구매하거나 PPM 인코더를 별도로 구매하여 PWM 수신기와 픽스호크 컨트롤러 사이에 연결해 줘야 한다.

최근에 FS-i6의 채널 수로 6채널에서 10채널로 증가시켜 주는 업그레이드용 펌웨어가 오픈소스 커뮤니티 기트허브에 공개되어 있어 6채널의 한계를 어느 정도 해소하고 있다. 플라이스카이는 자신이 제조한 RC 시스템을 상대적으로 오픈하는 경향이 있는 것 같다. 이는 자신들이 OEM으로 제조했던 터니지 9X를 하드웨어 플랫폼으로 오픈소스 RC 펌웨어의 양대산맥 중 하나인 ER9X라는 펌웨어가 만들어진 것에도 유추해 볼 수 있다. 이와 같은 맥락에서 FS-i6도 오픈소스 RC 커뮤니티 중심으로 펌웨어의 기능 개선이 이루어지고 있다. 물론 채널이 증가한다고 해서 RC 시스템의 기본기인 RF 모듈의 신뢰성, 도달 거리 등이 향상되는 것은 아니다. 또한, 업그레이드로 인해 발생하는 법적 문제에 대한 책임은 사용자가 져야 하는 것이다. 참고적으로 FS-i6의 펌웨어 업그레이드 사이트를 링크한다. (https://github.com/benb0jangles/FlySky-i6-Mod-)

[그림 7-4]는 스로틀 스틱이 왼쪽에 있는 모드 2 방식의 FS-i6 송수신기의 구조와 기본적으로 4개의 채널(Throttle, Pitch, Yaw, Roll)을 나타내는 두 개의 스틱이 있고, 다양한 스위치가 있어 추가적으로 채널을 할당할 수 있다.

먼저, 4개의 스틱은 직접적으로 드론을 원하는 방향으로 전후좌우 이동시키고 추진력을 조종하는 역할을 한다. 스틱의 옆에는 4개의 트림 스위치가 있어 스틱이 중앙에 오도록 교정하거나 드론의 비행 시 전후좌우 균형을 맞추는 데 사용한다.

송신기에는 총 6개의 스위치가 있다. 3개의 이단 스위치(Two position switch) SwA, SwB, SwD가 있고 1개의 삼단 스위치(Three position switch) SwC, 2개의 가변 스위치(Variable switch 또는 Potentiometer switch) VrA, VrB가 있다. 2단 스위치와 3단 스위치를 통해서 채널 믹싱을 설정하면 6개의 비행 모드까지 설정이 가능하다. 가변 스위치는 가변 저항을 말하는 POT(Potentionmeter)로 많이 언급되는데, 주로 RC 비행기나 헬리콥터에서 많이 사용되고 있고 드론에는 정밀한 PID 튜닝 등을 제외하고 많이 사용되지 않고 있다. 비행기에서 가변 저항을 사용하면 비행기의 양력을 발생시키는 플랩(FLAP) 날개를 부드럽게 조작할 수 있어 좀 더 정교한 비행이 가능하다.

안테나는 두 가지 관점에 있어서 이전에 터니지 9X보다 개선이 이루어졌다. 먼저, 일반적으로 사용되는 옆으로 접는 안테나가 아니라 짧고 뭉툭한 디자인이라 포장이나 이동시 휴대하기가 간편해졌다. 생각보다 안테나가 걸려서 망가지는 경우가 많이 있다. 또 다른 장점은 기능적으로도 전송의 신뢰성 개선을 위한 다이버시티(Diversity) 기능을 추가하였다. 즉, 과거 하나였던 안테나에 핸들 내부에 안테나를 추가하여 좀 더 전파의 간섭 등으로 인한 페이딩 현상을 줄이고 전파의 전달이 더 잘되도록 개선하였다.

바인딩 키의 위치도 편리하게 개선이 되었다. 이전의 터니지 9X의 바인딩 키가 송신기의 후면에 위치하여 바인딩 모드에 들어가기 위해서 바인딩 키를 누루면서 송신기전원 버튼을 누르는 것이 다소 불편하였다. 조작 키도 송신기의 작아진 사이즈에 맞게올림/내림/OK/취소 네 개의 버튼으로 크게 불편하지 않게 설정이 가능하다.

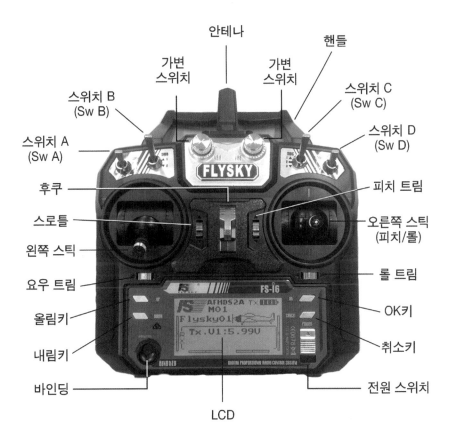

[그림 7-4] 플라이스카이 FS-i6 송신기의 구조

[그림 7-5]는 FS-i6 송신기를 구매하면 기본으로 제공하는 FS-iA6와 별도로 구매가 가능한 FS-iA6B의 외형이다.

FS-iA6는 6채널 PWM 방식으로 픽스호크와 같은 PPM 방식의 비행 컨트롤러에는 사용할 수 없다. 굳이 사용하고자 한다면 별도의 PPM 인코더를 구매해서 PWM 신호를 PPM 신호로 변환시켜야 한다. FS-iA6는 외형이 프라스틱 비닐 커버로 되어 있어 무게는 가볍지만 충격에 다소 약할 수 있다. FS-iA6B는 동일한 6채널이지만 I-BUS 기능이 있고 PPM 모드를 사용할 수 있다. 케이스도 플라스틱 케이스로 레이싱 드론에 견딜 수 있게 견고하다. 두 리시버 모두 다이버시티를 고려하여 안테나선을 두 개로 구성하였다.

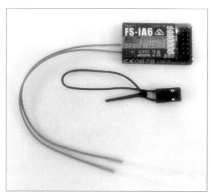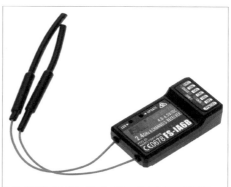

[그림 7-5] FlySky 6CH 수신기 | FS-iA6와 FS-iA6B

지금까지 FlySky FS-i6 송수신기의 구조를 간략하게 설명하였고, 다음 장은 송수신기의 설정에 대하여 간략하게 설명하고자 한다.

7.5　FlySky FS-i6 송수신기의 바인딩(Binding) 프로세스

송수신 기간에 바인딩(Binding)은 하나의 송신기와 하나의 수신기를 일 대 일로 매칭하는 과정이다. 이 바인딩 과정을 거쳐야 송신기와 수신기는 통신이 가능해진다. 일반적으로 동일한 프로토콜을 사용한다면 하나의 송신기에 원하는 수신기의 수만큼 바인딩을 할 수 있다. 하지만 하나의 송신기와 하나의 수신기만이 동시에 통신할 수 있다.

바인딩의 방식은 송수신기 브랜드에 따라서 다르다. 대표적인 차이가 스펙트럼의 모델매치(ModelMatch) 방식과 타라니스의 수신기락(Receiver lock) 방식이다.

스펙트럼의 모델매치 바인딩 과정은 3단계로 구분된다. 여기서 모델이란 하나의 완성된 개별 드론을 의미한다. 즉, 10개의 모델이란 10개의 드론을 의미한다.

① 1단계 : 송신기가 바인딩하고자 하는 수신기의 타입을 식별하고 그정보를 모델 메모리에 저장한다.
② 2단계 : 수신기가 대응하고자 하는 송신기의 ID와 모델 메모리를 식별한다.
③ 3단계 : 수신기가 시그널 상실 시 트로틀의 FailSafe 위치를 식별한다.

스펙트럼은 바인딩 과정에서 수신기의 정보를 모델 메모리에 기억한다. 즉, 고유의 숫자를 수신기에 할당한다. 반면 FrSky 타라니스의 바인딩 과정은 수신기에 대한 정보를 저장하지 않는다. 즉, 타라니스의 바인딩 과정은 수신기가 메모리가 아니라 송신기에 바인딩 되는 1회성 과정이다. 따라서 스펙트럼의 모델 매치 기능은 바인딩 과정에서 잘못된 모델(다른 드론)을 선택하는 것을 예방해줄 수 있다. 반면에 타라니스와 같이 일반적인 바인딩 과정을 갖는 송수신기는 조종기 조작으로 의도하지 않았던 다른 모델(드론)이 비행을 시작할 때까지 인식하지 못하는 경우가 생길 수 있다. 일례로, 동일한 드론 비행장에서 동시에 여러 사람이 타라니스 송수신기로 바인딩을 한다면, 그리고 인식하지 못하는 사이에 다른 사람의 수신기와 바인딩이 되었다면 가능한 시나리오이다.

대략적인 바인딩의 의미와 브랜드별 바인딩의 차이에 대하여 간략히 알아보았으니 플라이스카이의 FS-i6 송신기와 FS-iA6 수신기의 바인딩 과정을 설명한다. 송·수신기 세트로 판매되는 제품은 제조사에 의해 바인딩이 되어 있어 별도로 바인딩이 필요없으나 또다른 수신기 사용 시 아래 바인딩 절차가 필요하다.

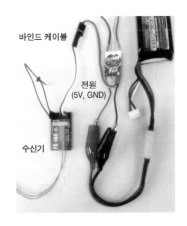 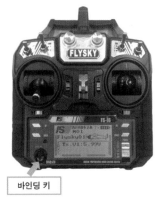

[그림 7-6] FS-iA6 수신기의 바인딩을 위한 선 연결 및 송신기의 바인딩 키 위치

① 송신기에 배터리를 연결하고 스위치를 끈다.

② 바인딩 케이블을 수신기의 바인딩 포트에 연결한다.

③ 수신기 채널의 배터리 공급 핀에 배터리(5V)를 연결한다. LED가 깜박이면 바인딩 모드에 들어간 것이다.

④ 송신기의 바인딩 버튼을 누른 상태에서 송신기 전원 스위치를 켠다.

⑤ 수신기의 적색 LED 표시등이 전보다 느리게 깜박이면 바인딩 절차가 완료된 것이다. 바인딩 케이블을 제거하면 적색 LED가 계속해서 켜져 있다.

⑥ 수신기 배터리를 제거한다.

⑦ 송신기 전원 스위치를 다시 끈다.

⑧ 모든 서보모터를 수신기에 연결하고 배터리를 연결한다.

⑨ 모든 서보모터들이 정상적으로 작동하는지 체크한다.

문제가 발생하면 위 바인딩 절차를 다시 수행한다.

7.6　FlySky FS-i6 송신기의 설정

메인 메뉴는 시스템(System) 메뉴와 기능 설정(Fuction Setup) 메뉴로 구성되어 있다.

시스템 메뉴는 송신기 자체를 설정하고 20개의 모델을 관리하는 설정을 수행한다. 즉, 시스템 메뉴에서는 스틱 모드, LCD 밝기 조정, 펌웨어 업로드 등 송신기의 하드웨어 관련 설정과 함께, 20개까지의 모델에 대한 목록을 관리할 수 있다. 기능 설정 메뉴는 각각의 모델에 대한 설정을 수행한다. 즉, 시스템에서 20개까지의 목록을 만들었으면 개별 모델에 대한 세부적인 기능을 설정해 주는 메뉴이다.

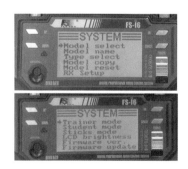

[그림 7-7] 시스템(SYSTEM) 설정 메뉴와 기능(FUNCTIONS) 설정 메뉴

자세한 설정 및 작동 방식은 메뉴얼에 상세히 나와 있고 유튜브 등에 참고할 만한 자료가 많이 있으므로 주로 사용되는 메뉴만 간략히 설명하였다.

7.6.1 주요 시스템 설정

(1) 모델 선택(Model select)

20개까지의 입력된 모델 중 필요한 모델을 선택하고 활성화시키는 메뉴이다. 특정 모델을 선택하면 이전에 저장된 설정 파라미터들이 즉각적으로 시스템에 반영된다.

(2) 모델 이름 설정(Model name)

20개의 모델에 가각의 이름을 설정하는 것이다. 디폴트로 모델 이름을 설정하지 않으면 'Flysky01', 'Flysky02' 이런 방식으로 자동적으로 모델 이름이 설정된다. 하지만 저장된 모델이 많아지므로 모델 간에 구분하기가 점차 어려워진다. 따라서 오픈 메이커 랩보드(Open Maker Lab Board)로 만들어진 250FPV를 OML250FPV와 같이 기억하기 쉬운 이름으로 저장하면 나중에 모델 선택이 쉬울 것이다.

(3) 기체 유형 설정(Type select)

기체의 유형을 선택하는 것으로 비행기, 헬리콥터 등을 설정할 수 있게 되어 있다. 드론은 비행기(Airplane or glider)를 선택해 주면 된다. 드론이 별도의 기체 유형에 없고 비행기를 선택해 주는 이유는 드론도 비행기와 마찬가지로 4채널의 서보(Yaw/Pitch/Throttle/Roll)를 활용하여 작동하기 때문이다.

(4) 모델 복사(Model copy)

가지고 있는 드론의 숫자가 증가됨에 따라서 지속적으로 모델을 설정하여야 하는데, 송신기에 있는 4개의 푸시 스위치로 설정하는 일은 꽤나 시간이 걸리고 성가신 일이다. 이때 복사 기능은 시간과 수고로움을 덜어준다. 복사 기능을 활용하여 전체 설정을 복사한 후 수정해야 할 부분만 이동하여 수정해 주면 된다.

(5) 모델 리셋(Model Reset)

현재 선택된 모델의 설정값을 디폴트로 돌리는 기능이다.

(6) 트레이너 모드(Trainer mode)

트레이닝 기능으로 두 대의 송신기를 송신기 뒷면에 있는 연결 잭에 케이블로 연결하고 한 송신기에서 트레이너 메뉴의 설정된 SwC 스위치를 선택하고 트레이닝 기능을 활성화하면 원격 조종자로 있는 송신기는 인스트럭터(Master)가 되고 트레이너 송신기가 드론을 컨트롤한다. SwC 스위치를 끄면 학생(Slave)의 송신기로 드론을 조종할 수 있게 된다.

(7) 스틱 모드(Stick mode)

스로틀이 오른쪽에 있는 Mode 1과 스로틀이 왼쪽에 있는 Mode 2 중에 선택하는 기능이다. 하드웨어적으로 스틱이 고정되어 있는데 스틱 모드를 선택하는 게 무슨 의미인지 궁금할 것이다. 최근에는 다수의 송신기가 송신기의 분해 조립을 통해서 스로틀의 스틱 위치를 변경할 수 있게 구성되어 있다. 필자도 회사에 기존의 송신기와 함께 주문 제작을 의뢰해 여러 대의 그라우프너 송신기를 Mode 1에서 Mode 2로 변경해 주었던 경험이 있다 [그림 7-8]. 그라우프너 mz-12 송신기의 경우는 메뉴얼에 스틱 변경 방법을 자세히 설명해놓고 있어 어렵지 않게 변경할 수 있었다. 플라이스카이 송신기도 구조상의 차이가 별로 없으므로 유튜브 같은 데서 찾아보면 쉽게 스틱을 변경할 수 있다.

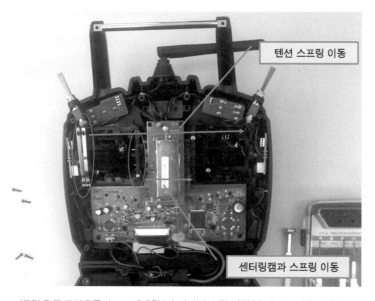

[그림 7-8] 그라우프너 mz-12 6CH 송신기의 스틱 변경(Mode 1 → Mode 2)

* 드라이버 세트만 있으면 위와 같이 텐션 스프링과 센터링캠을 이동시켜 주고 스프링으로 고정시 켜준 후 적절하게 텐션이 느껴질 때까지 스프링을 볼트로 조정해 주면 된다.

7.6.2 주요 기능 설정

(1) 역전(Reverse)

채널의 작동 방향을 역방향으로 변경시키는 기능이다. 6채널까지 변경 가능하다.

(2) 보조 채널(Aux. Channel)

채널 5와 채널 6의 소스가 되는 스위치나 가변 스위치를 선택하게 해준다. 드론에 서는 채널 5에 주로 비행 모드를 설정해준다.

(3) 스로틀 커브(Throttle curve)

스로틀 커브는 스틱의 포지션에 따른 스로틀 추진력이 전달되는 방식을 선으로 표현한 것이다. FS-iS는 일반 모드(Normal mode)와 아이들 모드(Idle mode) 두 가지 모드가 있다. 일반 모드는 스로틀 스틱의 포지션과 동일하게 추진력이 전달되는 방식이다. 즉, 스틱의 포지션이 0%이면 추진력이 0%만큼 전달되고, 스틱의 포지션이 50%에 위치하면 추진력이 50%만큼 전달된다. 아이들 모드는 스틱의 포지션에 대한 추진력 비중을 증가시키거나 감소시키는 모드이다. 일례로 초보자는 5개의 스틱 포지션(L, 1, 2, 3, H)에 대한 추진력 비중을 각각 0%, 5%, 10%, 15%, 20%로 감소시켜 스틱에 대한 민감성을 감소시킬 수 있다. 반대로 드론 레이서들은 [그림 7-9]의 아이들 모드 사례처럼 4개의 스틱 포지션에 대한 추진력 비중을 15%, 35%, 55%, 75%, 100%로 증가시켜 스틱 변화에 좀 더 민감하게 드론을 조종할 수 있다. 아이들 모드를 활성화시키기 위해서는 스위치 할당(Switches assign) 메뉴에서 아이들 모드와 아이들 모드를 활성화시키는 스위치(SwC)를 선택해 주어야 한다. 일반 모드로 드론을 이륙시킨 후 토글 스위치(SwC)를 올리면 아이들 모드로 스틱의 추진력 비중이 전환된다.

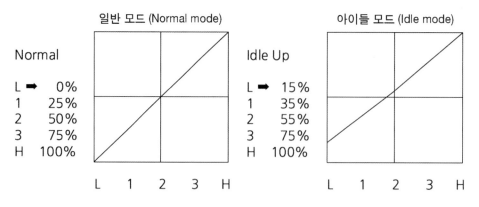

[그림 7-9] 스로틀 커브의 두 가지 모드

(4) 믹스(Mix)

채널 믹스란 어떤 하나의 채널 입력값이 다른 채널에 영향을 주도록 허용하는 설정이다. 과거 비행기나 헬기의 경우 주로 메뉴얼 조정을 하였기 때문에 한두 개의 채널을 믹싱하여 스틱의 과도한 보정을 줄이고 좀 더 편안하게 조정하는 것이 필요했다. 하지만 드론에서는 전문적인 사용자가 아니면 채널 믹싱을 하는 경우는 드물고 비행 모드 설정을 위해 하나의 채널 내에서 믹싱을 하는 경우가 많다. FS-i6는 세 개의 맞춤 채널 믹스(Channel mix)를 허용한다. 마스터 채널(Master channel)이 슬레이브 채널(Slave channel)을 변경한다. +, - 믹스는 중심값의 위아래로 변경 크기를 설정한다. 오프셋(Offset)은 슬레이브 채널을 일정한 크기만큼 이동시키는 역할을 한다. 믹싱에 대한 좀 더 자세한 내용은 링크와 박스(참고)를 참고하기 바란다. (http://www.end2endzone.com/demystifying-rc-transmitter-mixing/)

[그림 7-10]은 Fs-i6 메뉴얼에서 설명한 설정 예시이다. 마스터를 채널 1로 설정하고 슬레이브를 채널 2로 설정하였다. 비행기의 주날개에 있는 에일러온(Aileron)와 꼬리날개에 있는 엘리베이터(Elevator)를 연동한 것이다.

Mix	
Mix #1	
➡Mix iS	Off
Master	Ch1
Slave	Ch2
Pos. mix	50%
Neg. mix	50%
Offset	0%

[그림 7-10] FS-i6 송신기의 믹스메뉴

※ 참고 : RC 송신기에서 믹싱(Mixing)의 이해

스펙트럼 DX9 메뉴얼에 따르면 하나의 채널에 대한 컨트롤 입력값이 한 번에 다른 하나 이상의 채널에 영향을 주도록 하는 것을 믹싱(Mixing)으로 설명한다. 그리고 믹싱의 지원하는 기능을 아래와 같이 분류하였다.

- 하나의 채널을 다른 채널에 믹싱하기
- 하나의 채널 자체를 믹싱하기
- 하나의 채널에 오프셋(Offset) 값을 할당하기
- 주(Primary) 트림과 보조(Secondary) 트림을 연결하기

믹싱은 각각의 모델 메모리에 독립적으로 저장된다.
전통적인 의미에서 믹싱은 두 개 이상의 채널을 연동시키는 채널 믹싱(Channel Mixing) 작업이다. 채널 믹싱을 위해서는 먼저 마스터 채널과 슬레이브 채널을 설정해야 한다. 마스터 채널에서의 입력값은 마스터 채널과 슬레이브 채널 모두를 컨트롤한다.
비행기를 예를 들면 엘리베이터(Elevator)와 플랩(Flap)을 믹싱하면, 엘리베이터를 마스터로 하고 플랩을 슬레이브로 하게 된다. 여기서 엘리베이터(승강타)는 꼬리날개에 있는 조종 면으로 비행기의 상하 방향으로 조정하는 역할을 하고, 플랩은 동채의 주날개 안쪽에 있는 조종 면으로 이륙 시 양력을 증가시키거나, 착륙 시 제동력을 증가시키는 역할을 한다. 통산 RC 비행기는 러더(Rudder), 엘리베이터(Elevator), 스로틀(Throttle), 에일러온(Aileron)의 4개 채널을 스틱에 할당하여 조종한다. 따라서 엘레베이터와 플랩 채널을 믹싱하면 효과적으로 두 개의 서보 채널을 한 번에 제어를 할 수 있는 것이다. 이러한 채널 믹싱이 없었다면 안정적으로 이륙하기까지 상당한 스틱의 변화를 주어야 했을 것이다. 통상 비행기 안의 날개 쪽 좌석에 자리를 잡았으면 이착륙 시 플랩 조종 면이 약간 아래로 내려가는 것을 본 경험이 있을 것이다. 비행기에서 가장 기본적으로 많이 사용되는 채널 믹싱은 엘리베이터 사용 시 고도를 일정하게 유지해 주기 위한 '스로틀과 엘리베이터(Throttle to Elevator) 믹싱'과 회전 시 일정한 고도를 유지해 주기 위한 러더와 에일러온(Rudder to Ailerons) 믹싱이 있다.
쿼드콥터 기준으로 드론에서는 일반적으로 채널 믹싱이 필요 없다. 그 이유는 과거 RC 시절의 비행기와 달리 쿼드콥터는 비행 컨트롤러가 있어 사전에 프로그래밍된 비행 코드에 의해 4개의 서보 채널(Roll/Pitch/Throttle/Yaw)을 자동으로 제어하면서 비행하게

되어 있다. 즉, RC 송신기의 어느 스틱 하나를 조종해도 실제로 비행 코드 내에서는 알고리즘에 의해 4개의 서보 채널을 동시에 자동 제어하는 것이다. 이런 상황에서 채널 믹싱을 큰 의미가 없다.

드론에서는 믹싱이라 하면 한 채널 내에서 드론의 비행 모드를 설정한다는 의미로 더 많이 사용되고 있다. 최근 멀티위(메가버전), 아두콥터와 같은 드론은 6개 이상의 비행 모드를 하나의 채널로 설정하는 경우가 일반화되었다. 비행 모드 믹싱(Fight mode mixing)은 추후 보조 채널(Aux. Channel) 설정에서 설명하겠다.

7.7 RC 송신기로 시동 걸기(Arming), 시동 끄기(Disarming)

RC 송신기를 통한 드론의 시동 걸기와 시동 끄기는 주로 [그림 7-11]의 방식을 따른다. Mode 2의 경우 스로틀 스틱은 우측 아래로 이동 후 2~3초간 경과하면 시동이 걸린다. 또는 스로틀 스틱을 최저로 이동한 상태에서 롤(Roll) 스틱을 우측 끝으로 이동한 상태에서 2~3초 지나면 시동이 걸린다. 시동을 끄는 경우는 스로틀 스틱을 좌측 하단으로 이동한 상태에서 2~3초 지나면 시동이 꺼진다.

통상 RC 송신기를 통한 시동 걸기와 시동 끄기는 스로틀 스틱을 활용하는 방식과 스로틀과 요 스틱을 활용하는 두 가지 방식이 사용되나, 특정한 스위치(채널)에 시동 걸기와 시동 끄기를 설정할 수도 있다.

출처 : multiwii.com

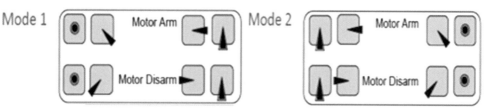

[그림 7-11] RC 송신기의 시동 걸기(Motor Arm)와 시동 끄기(Motor Disarm) 스틱 배치

7.8   드론의 비행 모드 설정

[표 7-2]는 드론의 멀티위(MultiWii) 플랫폼에서 구현 가능한 일반적인 드론의 비행 모드를 나타낸다.

출처 : multiwii.com

비행 모드	센서 구분				
	자이로스코프 (Gyroscope)	가속도계 (Accelerometer)	기압계 (Barometer)	컴퍼스 (Compass)	GPS
애크로(Acro)	X				
앵글(Angle) 또는 스테이블/레벨 (Stable/Level)	X	X			
호라이즌 (Horizon)	X	X			
헤드프리(HeadFree) 또는 케어프리(CareFree)	X	X	X	X	O
고도유지 (Altitude Hold)	X	X	X		
GPS리턴투홈 (Return to Home)	X	X	O	X	X
GPS 경로 (Waypoint)	X	X	O	X	X
GPS 포지션홀드 (Position Hold)	X	X	O	X	X
페일세이프 (Failsafe)	X				

[표 7-2] 멀티위 플랫폼의 센서에 따른 비행 모드 구분

※ 참고

- X 센서가 필수적임 / O 센서가 추천되나 필수는 아님

- 애크로, 스테이블, 호라이즌 모드는 배타적임

- 헤드프리(케어프리), 고도 유지, GPS 모드는 모두 동시에 작동함

- GPS 기능이 작동하기 위해서는 레벨 모드 / 지자계(Mag) / GPS가 필요하고, GPS 작동을 위해 바로미터가 추천되므로 고도 유지 모드가 권장됨

출처 : http://www.multiwii.com/wiki/?title=Flightmodes

비행 모드	설명
애크로(Acro)	- 앵글 또는 호라이즌 모드가 켜져 있지 않을 때의 디폴트 모드 - 자이로 센서만 사용
앵글(Angle) 또는 스테이블/레벨 (Stable/Level)	- 자이로와 가속도계를 사용한 안정화 모드 - 기체의 수평 기울기각(Tilt Angle)이 Max. 90도로 고정되어 Flip이 불가능 - 피치, 롤, 요, 레벨 PID값이 조정되고, 자이로와 가속도계의 켈리브레이션이 필요 - 최근 호라이즌 모두에 의해 대체되고 있음
호라이즌 (Horizon)	- 애크로와 앵글의 하이브리드 모드 - 조종기 피치/롤 스틱이 중앙에 있을 때는 앵글 모드이지만 피치/롤 스틱을 급격히 작동 시 애크로 모드로 변하여 플립(Flip)이 가능함 - 좀 더 안전하고 아크로베틱한 조종이 가능
헤드프리 (HeadFree) 또는 케어프리 (CareFree)	- 롤/피치 작동 시 요가 고정된 채 동일한 방향으로 직선으로만 비행 - 앵글/호라이즌/애크로 비행 모드에 영향을 주지 않음 - Mag(지작계) 센서가 켜져야 작동됨 - 회전하지 않고 직선 방향으로만 움직이므로 조종이 서툰 초보자에게 편리하 고 장거리 조종 시 방향감 유지에 도움
고도 유지 (Altitude Hold)	- 스로틀 스틱이 중심에 있고, 다른 스틱을 작동하지 않을 때 고도를 유지 - 가속도계, 자이로, 바로미터가 모드 켜져야 함 - 고도를 유지한 채 항공 촬영 등의 미션을 수행할 때 필요한 기능
GPS 리턴투홈 (Return to Home)	- 할당된 조종기 스틱을 켜면 출발점으로 되돌아 오는 기능 - GPS와 컴파스가 필요하고 리턴 시 안정화를 위해 가속도계와 자이로가 필요 - RC 송신기와 드론 수신기와의 노콘 시 FailSafe로 매우 중요하고, 장거리 미 션 수행 시 RTH 스위치를 켜면 조종없이 자동으로 출발지로 귀환
GPS 경로 (Waypoint)	- GPS를 활용하여 설정된 경로를 비행 - 멀티위에는 APM에 비해 개발이 완전하지 않아 드물게 사용됨 - 농약 살포, 무인 촬영 등 위치 좌표에 기반한 미션 수행에 시도됨 - GPS의 오류(Glitch)로 5~10m의 에러가 발생될 수 있으므로 카메라, 레이다 등이 보완적으로 연구됨
GPS 포지션홀드 (Position Hold)	- GPS와 바로미터를 활용하여 드론을 현재의 위치에 고정시킴 - GPS의 고도값은 부정확성으로 사용되지 않음
페일세이프 (Failsafe)	- 라디오 신호가 끊기면 드론이 서서이 하강하고, 설정된 시간 후 시동이 꺼짐 - Config.h에서 설정이 필요하고, 특정 수신기의 Failsafe 기능과 충돌할 수 있음

[표 7-3] MultiWii 비행모드의 설명

7.9 드론의 안전 및 법규

드론은 비행하는 항공체의 일종이므로 일반인들의 안전을 위해 비행 및 운영에 필요한 법적인 준수사항을 따라야 한다. 또한, 드론은 빠르게 회전하는 로터에 기반한 항공체이므로 드론 소유자 및 조작자도 안전에 유의해야 한다.

[그림 7-12]의 우측 두 개의 그림은 드론으로 인한 사고를 보여 준다. 하나는 스포츠 행사에 드론의 추락으로 인한 사고를 보여 주고, 오른쪽은 드론 조작 미숙으로 인한 프로펠러에 의한 부상을 보여 준다.

[그림 7-12] 드론의 추락과 조작 미숙으로 인한 사고 사례

7.9.1 드론의 법규

[그림 7-13]은 드론 커뮤니티에 공지된 공문을 캡처한 내용이다. 드론은 항공법상 무인 비행 장치에 해당하므로 그에 따르는 법을 준수하여야 한다. 초보자들의 경우 법을 무시하고 비행 금지 구역에서 비행을 하거나 불법 영상 촬영으로 어려움을 겪거나 심할 경우 상당한 금액의 벌금을 무는 경우가 종종 있다.

필자도 초보자 시절 그런 경험이 있다. 초보 시절 한강 둔치에서 드론을 날리다 군용 헬기의 에스코트(?)를 받는 다소 무시무시한 경험을 한 적이 있다. 지금은 앱으로 비행 금지 구역인지 바로 확인할 수 있지만 예전에는 군사상의 이유로 비행 금지 구역에 군부대가 잘 명시되지 않았다. 군용 헬기가 한참을 선회하고 간 후에 나중에 그곳이 비행 금지 구역인 것을 알았다. 다음 공문은 이러한 금지사항이 잘 정리되어 있으니 반드시 준수하여야 한다.

주로 금지하는 사항은 허가되지 않은 지역에서의 비행, 야간 비행, 가시거리 밖에서의 비행, 음주 비행, 인구 밀집 지역에서의 비행, 낙하물 투하 등이다.

> 3. 아울러, 항공법 시행규칙 제68조에 따른 "무인비행장치 조종자 금지사항"을 안내하오니 회원들에게 반드시 공지하여 주시기 바라며, **추후 불법비행 영상물 등을 게시한 경우, 사실조사를 통하여 행정처분(과태료 최대 2백만원 등) 할 수 있음을 알려** 드리니, 회원분들이 관련 항공법을 준수할 수 있도록 협조하여 주시기 바랍니다.
>
> = 아 래 =
>
> 가. 인명이나 재산에 위험을 초래할 우려가 있는 낙하물을 투하(投下)하는 행위
> 나. 인구가 밀집된 지역이나 그 밖에 사람이 많이 모인 장소의 상공 비행장치를 조종 하는 행위
> 다. **관제공역·통제공역·주의공역에서 비행장치를 조종하는 행위**
> 라. 안개 등으로 인하여 지상목표물을 육안으로 식별할 수 없는 상태에서 비행장치를 조 종하는 행위
> 마. 일몰 후부터 일출 전까지의 **야간에 비행장치를 조종하는 행위**
> 바. 주류 등을 섭취한 상태에서 비행장치를 조종하는 행위
> 사. 무인비행장치를 **육안으로 확인할 수 있는 범위 밖에서 조종하는 행위**
> 아. 비행장치를 사용하여 개인사생활 침해하는 사진을 촬영하는 행위
>
> 3. 무인비행장치 비행금지공역 및 관제공역에 대한 정보는 **서울지방항공청 홈페** 이지 알림마당(sraa.molit.go.kr)에서 확인할 수 있으므로 **비행전 비행구역을 반드시 확인하여 주시기 바랍니다.** 끝.」
>
> 서울지방항공청장

[그림 7-13] 드론 커뮤니티에 공지된 법규준수 협조 공문

비행 전에 가장 먼저 확인해야 할 것이 비행하고자 하는 곳이 비행 금지 구역인지 여부다. [그림 7-14]에 따르면 강북은 대부분 비행 금지 구역이다. 서울에서는 사실 마음 놓고 드론을 날릴 곳이 별로 없다. 지역적으로는 강동, 송파와 관악, 구로의 일부 지역이 그나마 드론을 날릴 수 있는 곳이다. 그래서 정부에서는 광나루 한강공원 내에 한강 드론공원(강동구 천호동 351-1)을 정하여 예약 후 비행이 가능하게 하였다.

그 외에 한국모형항공협회와 RC 동호회들의 관리하에 허가된 비행장(신정 비행장, 가양비행장, 분당 탄천 비행장, 미사리 비행장)들이 있다.

드론을 날릴 수 있는 구역인지는 앱으로 확인 가능하다. SafeFlight과 Ready to fly라는 앱이 대표적인 드론 앱으로 각각 Appstore와 Google Paly에서 다운로드 받을 수 있다. 최근에는 앱을 통해 자기장지수(K값), 날씨 정보 등 다양한 정보를 제공한다.

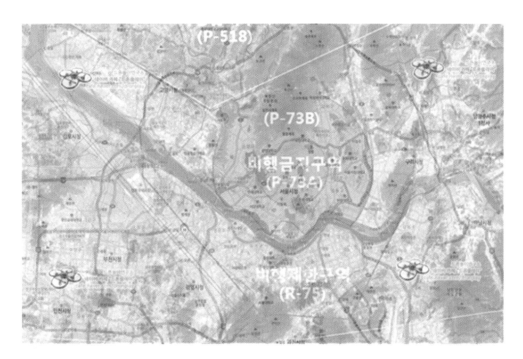

[그림 7-14] 서울 인근 비행 금지 구역

App Store : SafeFlight   Google Play : Ready to fly

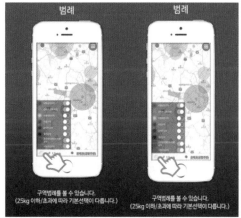

[그림 7-15] 드론 비행 가능 구역 확인 앱

7.9.2 안전한 Li-Po 배터리 사용법

리튬 폴리머 배터리는 무인항공체에서 다양한 장점으로 많이 사용되고 있지만, 잘못 다룰 시 폭발 및 화재의 위험이 상존한다. 과충전, 과방전, 과열, 관통 등에 의해 화재가 발생할 수 있다. 리튬 배터리는 화재 시 물로 꺼지지 않는다. 분말 소화기를 사용하거나 모래통을 사용해야 한다.

[그림 7-16] 리튬 계열 배터리의 폭발 사례

안전한 배터리 관리를 위해서는 리튬 폴리머 배터리 사용법을 사전에 숙지해야 한다.

[그림 7-17] 리튬 폴리머 배터리에 표시된 용어의 의미

화재나 폭발 방지를 위해 다음 사항을 주의해야 한다.

① 배부름 현상이 나타나거나, 충격에 의해 파손 시 적절한 절차에 따라 폐기한다.

② 충전 시 자리를 비우지 않고 충전 중 이상 징후가 보이면 즉각 충전을 중지한다.

③ 충전 시 리포전용 충전기로 충전하고 과충전하지 않는다. 충전 시 통상 1C로 충전한다. 1000mAH 용량의 경우 1A로 충전(1*1000=1A).

④ 배터리 보관 시에는 상온에서 3.8V로 보관하고 장기 보관 시 Lipo Guard백이나 탄약통 등을 사용한다.

⑤ 보관 시 열, 직사광선, 정전기, 충격을 피하여 안전한 장소에 보관한다.

[그림 7-18] 배터리의 보관에 사용되는 Lipo Guard백과 탄약통

드론의 과방전을 방지하기 위해서는 배터리 사용 시 항상 리포알람을 배터리 발란스 충전 커넥터에 연결한다.

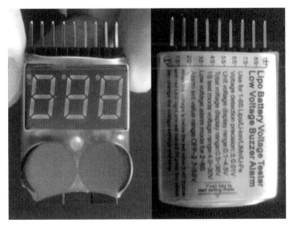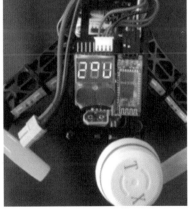

[그림 7-19] 리포 배터리 알람과 250 드론에 장착한 사례

셀당 전압이 2.8V 이하 또는 배부름 현상이 나타난 수명이 다한 배터리는 완전 방전시킨 후 폐기한다. 셀당 전압이 남아 있는 상태에서 폐기하면 화재가 발생할 수 있다. 폐기 방법으로는 소금물에 며칠간 담가서 전해질을 중화시키는 방법과 폐기 기능이 있는 발란스 충전기를 활용한다.

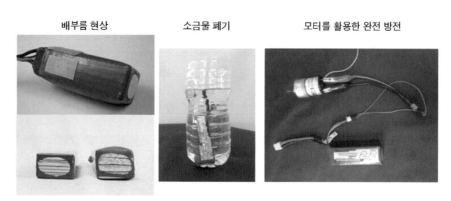

[그림 7-20] 수명이 다한 리포 배터리의 소금물 폐기 및 모터 활용 방전

7.9.3 드론의 안전장치(Drone safety technology)

드론이 점차 대형화하고 고가의 장비를 장착함에 따라 추락의 피해를 최소화하고자 하는 안전장치들이 개발되고 있다. 이러한 안전 장치는 FailSafe 기능과 같은 SW적인 안전장치와 낙하산과 같은 물리적인 안전장치로 구분된다. [표 7-4]는 안전장치를 표로 정리한 것이다. S/W FailSafe 기능에는 비행 코드(Flight code)의 설정에 의해 작동하는 방식과 RC 송수신기의 설정에 의해 작동하는 방식이 있다. 최근에는 비행 코드에서 설정하는 방식이 더 많이 사용된다.

S/W적 안전장치(FailSafe 기능)		물리적인 안전장치
배터리 FailSafe	- 배터리 이상 시 모터 시동 꺼짐 - 배터리 한계 시 출발지 회황 - 배터리 한계 시 착륙	- 추락 시 낙하산 펼침 - 추락 시 프로펠러 접힘 - 드론 작업자에 충돌 방지 헬멧 착용 - 프로펠러 가드 - 충돌의 피해를 최소화하는 설계
라디오 FailSafe	- 라디오 연결 상실 시 출발지 회항 - 라디오 연결 상실 시 착륙 - 라디오 신호 상실 시 마지막 신호 유지	
GPS FailSafe	- GPS 신호 상실 시 착륙 - GPS 신호 상실 시 고도 유지	

[표 7-4] 드론의 S/W적 안전장치와 물리적인 안전장치

[그림 7-21] MARS사의 드론용 낙하산 펼침 장면

PART 08

멀티위 드론의
MIY 사례

PART 8

멀티위 드론의 MIY 사례

이번 장의 목적은 지금까지 학습한 내용을 기반으로 처음으로 드론 제작에 도전하는 독자들을 위해 순차적으로 드론을 제작해 나갈 수 있도록 구성했다. 또한, 드론에는 처음 도전하지만 S/W적으로 난이도가 가장 낮은 아두이노에 익숙하다고 가정하여 아두이노 커뮤니티에서 시작된 멀티위에 기반하고, 저렴하고 안전한 사이즈인 250사이즈의 프레임을 선택하였다. OML 보드를 사용하는 것도 고려하였다. OML 보드는 ATMega328p에 기반하여 작동되므로 GPS 경로 비행, 옵티컬 플로우(Optical Flow) 센서 등의 많은 데이터를 처리할 수가 없다. 따라서 비용과 확장성을 고려했을 때 굳이 450급 프레임을 선택할 필요는 없는 것이다.

그럼 지난번의 플랫폼 선택과 추진력 검증에 이어서 선택한 드론의 부품을 조립하는부분을 설명하고자 한다. DIY에 걸리는 시간은 빠르면 1~2시간, 늦으면 2~3시간 정도 소요된다.

8.1 주요 부품 선정

250급 OML Board에 기반한 초보적 레이싱 드론에 적합한 드론 제작을 위한 드론 부품을 [그림 8-1]처럼 구성하였다.

부품을 구성한 데 가장 주안점을 둔 것은 가격이었다. '추락하는 것은 날개가 있다'라는 소설 제목을 다소 바꾸어서 '추락하는 드론은 날개가 없다'라고 말한다면 어폐가 있을까? 사실 드론을 날린다는 것은 확률의 문제지만 추락을 가정하고 하는 행위이다. 초보자인 경우 운이 좋아 한 번에 자세를 잡고 나는 경우도 있겠지만 통상 안정화되기 전에 또는 조종 미숙으로 몇 번은 추락을 경험하게 될 것이다. 추락 시 통상 프로펠러, 바디가

부러지는 경우가 흔하고 심지어 컨트롤러, 모터가 망가지는 경우도 있다. 따라서 가급적 저렴한 부품으로 구성하였다. 사실 모터와 변속기는 저가이면서도 어느 정도 품질을 인정받는 터니지 브랜드 제품으로 테스트하고 다소 저렴한 대체품으로 구성하였다.

주변에 있는 지인은 처음부터 최고의 레이싱 제품을 사겠다는 생각으로 100만 원이 넘는 300급 레이싱 쿼드(Welkera Cruise)를 구매하고 1달을 갖고 논 후 중고 장터에 올린 경우가 있었다. 250급 레이싱 드론은 자신에 맞게 맞춤화하고 튜닝해야 할 부분이 많다. 또한, 대다수의 드론이 이때 추락으로 망가지므로 굳이 학습 비용을 많이 들일 필요는 없는 것이다. 자신의 레이싱 본능을 깨달았을 때 모터, ESC, 바디 하나씩 업그레이드해도 늦지 않다.

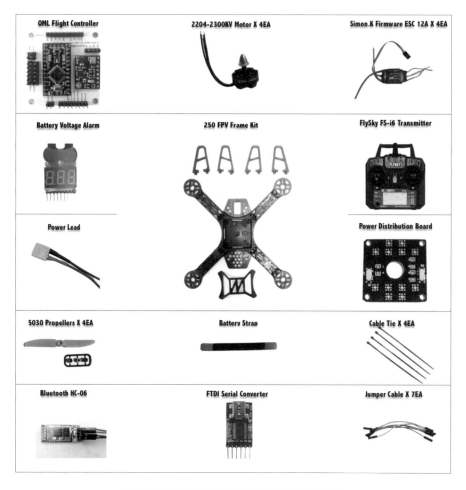

[그림 8-1] 250 멀티위 드론 제작을 위한 주요 부품

[그림 8-2] 250 드론을 조립한 모습

① 비행 컨트롤러(Flight Controller) : 오픈 메이커 랩 보드 v1 (20g)

앞 장에서 설명한 대로 아두이노를 활용하여 멀티위 펌웨어 기반 드론을 DIY로 제작해 볼 수 있도록 아두이노 프로미니와 GY-87 (MPU6050+ HMC5883L+BMP180)의 조합으로 개발된 멀티위 보드이다.

② 드론 바디 : FPV 250 DIY 키트(110g)

플라스틱 재질로 가격이 저렴하고 조립이 쉬운 250 몸체를 선정하였다. 지금의 프레임은 매우 콤팩트한 공간으로 FPV 카메라나 송신기를 추가하기는 어렵다. 하지만 추후 본격적인 FPV에 도전해 보고자 한다면 기존의 프레임을 살리고, [그림 8-3]처럼 업그레이드 키트만으로 FPV에 적합하도록 프레임을 확장할 수 있는 프레임이다.

[그림 8-3] 기존 프레임에 250 업그레이드 키트를 추가하여 확장한 드론의 모습

③ 서보 모터 : 2204 2300KV 브러시리스 모터 CW/CCW 4개 (110g)

250급 쿼드콥터에서 많이 사용하는 2204 2300KV 모터를 선택하였다. 이미 앞 장에서 학습하였듯이 번호 '22'는 모터 고정자의 지름(mm)을 나타내고 '04'는 모터 고정자의 높이(mm)를 나타내며, '2300KV'는 전압당 회전수를 나타내고 이 값을 갖고 rpm(Kv*Voltage)을 계산할 수 있다.

모터 중 두 개는 샤프트 나사가 시계 방향(Clock-wise)으로 잠기는 모터를 사용하였고, 두 개는 시계 반대 방향(Counter-clock-wise)으로 잠기는 모터를 사용하였다. 이는 모터가 회전할수록 프로펠러를 샤프트에 고정한 나사가 잠기게 하는 역할을 한다.

④ 전자 변속기(ESC) : 2A 전자변속기/사이몬.K 펌웨어 4개 (70g)

오픈소스인 사이몬.K 펌웨어로 작동되는 ESC로 정격 출력이 12A이고, 2~3S 리포배터리 입력에 대하여 BEC(일종의 정류기)을 통하여 5V 2A 전원을 공급한다. 사이몬.K 펌웨어는 사이몬 커비(Simonk Kirby)라는 사람에 의해 개발된 오픈소스로 모터에 데이터를 전송하는 속도를 증가시킨다.

⑤ 프로펠러 : 5030 멀티로터용 ABS 4개

프로펠러는 길이(Inch) * 피치(Pitch)로 구분되는데, '50'은 5인치 길이를 나타내고, '30'은 3.0인치의 피치를 나타낸다. 피치(Pitch)는 프로펠러가 한 번 회전하면 이동하는 거리를 뜻한다. 통상 프로펠러의 길이와 피치를 증가시키면 전류를 많이 사용한다. 피치가 클수록 회전 속도가 느리고 이동 속도를 더 빠르게 하고 더 많은 전류를 사용한다.

⑥ 배전반(Power Distribution Board) : 250용 미니 1개

배전반은 (+)와 (-)로 구성된 PCB 전원 회로로, 복잡한 전원 배선을 줄이기 위해 리포배터리의 전원을 받아서 4개의 모터와 LED 등에 공급해 주는 역할을 한다.

⑦ LIPO 배터리 : 11.1V 3C 1000~1300mAH 1개 (80g)

3.7V의 리포 배터리 세 개가 직렬로 묶여져 있는 3S(3 Cell) 배터리를 사용한다. 1,000mAH는 1시간에 지속적으로 방출할 수 있는 용량을 나타낸다. 배터리 앞에 작게 20~30C Discharge라고 인쇄되어 있는데 이는 방전율을 나타낸다. 20은 정격 방전율 30은 최대 방전율이 되는데, 30C는 1.3A의 30배(1.3*30=39A)만큼 순간적으로 방출할

수 있다는 의미이다. 호버링 중심의 초보적인 비행을 한다면 방전율이 20~30C 정도이면 되지만, 곡예비행 또는 레이싱을 한다면 일반적으로 60C 이상의 배터리를 사용 한다. 방전율이 낮은 배터리로 과도한 전류를 사용하는 곡예비행을 한다면 배터리가 과열로 폭발할 수도 있다.

⑧ RC 송수신기 : 6채널 이상 수신기

RC 송수신기는 10만 원 정도의 플라이스카이 FS-i6A 또는 5만 원 이하의 저가 터니지 6채널을 사용하였다. 플라이스카이 제품이 터니지 6채널 수신기보다는 가격이 두 배 정도 하지만 LCD창이 있어 기본적인 프로그래밍이 가능하다는 점에서 추천할 만하다.

GPS를 활용한 RTH(Return to Home)이나 경로 비행(Waypoint) 등의 비행 모드 설정이 필요하지 않다면 6채널이면 충분하다. 하지만 추후 좀 더 업그레이드된 드론을 제작한다면 다시 송수신기를 사야 하므로 여력이 된다면 송수신기는 좀 더 좋은 것으로 구매해 두는 것도 향후 비용을 절약하는 방법이다.

[그림 8-4] Turnigy 6X 6채널 송신기와 FLYSKY FS-i6A 6채널 송신기

RC 송수신기 브랜드마다 수신기 채널과 보드의 서보모터의 연결 핀이 다른 경우가 있다. 이 부분은 조립 시 설명하도록 하겠다.

⑨ 기타 : 볼트/너트

8.2 드론의 조립

조립을 시작할 때, 어디서 시작해야 할지 망설였던 경험이 있다. 이것은 생선을 먹을 때 머리냐, 꼬리냐 식의 개인적인 선호가 개입되기도 하는데, 여러 번 조립을 경험한 결과 배전반과 변속기를 연결하는 작업부터 시작했다. (+), (-) 전원 연결에 집중력이 필요하고, 납땜의 수고스러움을 초반에 해치우자는 생각도 있었다. 또한, 중간에 필요하다면 모터를 연결하여 ESC 켈리브레이션을 먼저 할 수도 있다.

(1) ESC를 배전반(Power Distribution Board)에 연결한다.

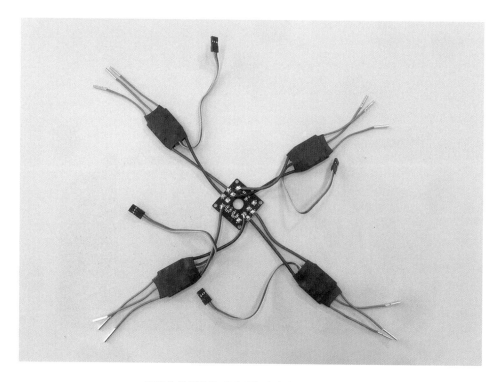

[그림 8-5] ESC와 배전반을 납땜하여 연결한 상태

리포 배터리의 11.1V 전원을 4개의 전자 변속기로 배분해 주기 위해 [그림 8-5]처럼 배전반의 (+), (-) 극에 ESC의 (+), (-)극을 납땜하여 연결해 준다. 그림에 있는 배전반은 CC3D용 배전반에 많이 사용되는 소형 배전반으로 5V로 정류해 주는 BEC 기능은 없고 배터리에서 공급된 12V을 4개의 ESC로 배분하는 역할만 한다.

사실 ESC들을 전원에 연결해 주는 방식은 배전반을 활용하는 방법 외에도 ESC의 +, - 선을 직렬로 연결해 주는 Daisy Chain 방식이 있다. 이 방법은 배전반이 필요 없으므로 무게를 줄일 수 있으나, 다른 센서에 간섭을 초래하는 점에 대한 우려가 있는데, 연결된 선 길이가 동일하고, 좀 더 굵은 와이어를 사용한다면 문제가 없다고 한다.

출처 : DIYDrones 커뮤너티의 토론 "ESC daisy chain - good or bad?"

[그림 8-6] ESC를 데이지 체인으로 연결한 모습

※ 주의 : ESC의 +, - 전원선의 열결이 잘못되거나 합선이 되면 배터리 연결 시 화재나 ESC 고장의 원인이 되므로 정확한 연결 또는 합선의 유무를 꼼꼼히 확인해야 한다.

(2) 드론 몸체에 배전반(Power Distribution Board)의 지지대 너트를 고정시킨다.

드론 몸체에 비행 컨트롤러(FC)를 고정하기 앞서 먼저 배전반의 지지대 너트를 고정해 준다. FC를 먼저 조립할 경우 배전반 지지대 너트를 조여줄 방법이 없으므로, 반드시 배전반 지지대 너트를 몸체에 먼저 단단히 고정시켜 준다. 이때 집타이도 함께 틈새로 넣어 주어야 한다.

배전반 지지대 너트를 넣어준 이유는 FC 센서에 대한 간섭 방지를 위해 배터리와 전원부를 FC로부터 약간 분리시키기 위함이다.

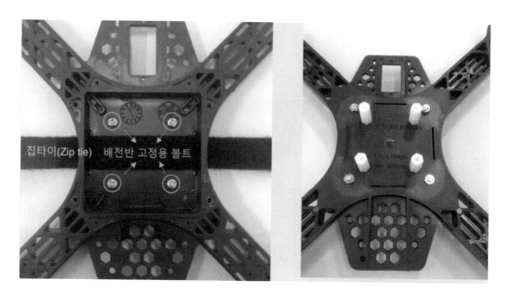

[그림 8-7] 배전반과 몸체 고정을 위한 육각 너트 조립

(3) 드론 몸체에 FC를 고정한다.

[그림 8-8]처럼 드론 몸체의 앞면과 비행 컨트롤러의 앞면을 일치시키고 볼트로 FC를 몸체에 고정시켜준다. 드론 몸체의 앞면은 직사각형 형태로 뚫려 있고, 이곳은 FPV용 카메라용 소형 서보모터 자리이다. FC의 앞면은 IMU 센서의 Y축 화살표(↑)가 가리키는 방향이다.

[그림 8-8] 비행 컨트롤러와 드론 바디의 고정

(4) 서보모터를 드론에 고정시킨다.

4개의 브러시리스 모터를 [그림 8-9]처럼 드론 몸체의 X자형 끝에 위치한 모터 마운트에 볼트로 고정시켜 준다. 제공된 모터 중 2개는 모터의 캡너트(Cap nut)가 은색으로 샤프트의 나사산이 시계 회전 방향(CW, Clock-Wise)이고 나머지 2개는 캡너트가 검은색으로 나사산이 시계 회전 반대 방향(CCW, Counter-Clock-Wise)이다. 따라서 모터 회전 방향의 반대로 프로펠러를 고정시키는 캡 너트를 감을 수 있도록 모터를 배치한다. 그래야 회전할수록 너트가 더 단단히 고정된다.

필자는 동일한 방향의 볼트를 사용한 적이 있는데, 경미한 지면과의 추락 후 충격으로 느슨해진 볼트는 이내 튕겨 나가 찾을 수가 없었다. 회전할수록 감기는 볼트를 사용했다면 볼트 하나를 사러 여러 RC 숍을 돌아다니는 수고는 하지 않았을 듯 하다.

[그림 8-9] 프로펠러 회전 방향과 모터 캡너트의 색깔

(5) 모터의 커넥터와 ESC의 커넥터를 연결한다.

[그림 8-10]처럼 모터와 ESC의 커넥터를 임의대로 연결한다. 조립 완료 후 모터 방향 테스트 시 모터의 회전 방향이 [그림 8-9] 방향과 일치하지 않으면 3가닥의 선 중 임의의 2개를 바꾸어 다시 연결해 주기만 하면 회전 방향이 반대로 바뀐다.

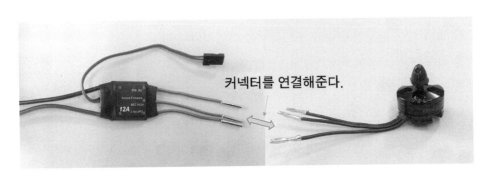

[그림 8-10] ESC의 출력 리드 선과 모터의 입력 리드 선과의 연결

(6) 오픈 메이커 랩 보드(Open Maker Lab Board)에 모터 ESC(전자 변속기) 연결하기

아래 그림에 표시된 모터 1, 2, 3, 4는 OML 보드의 서보(모터 출력) 핀에 표기된 번호와 매칭되는 모터의 번호로 표시한 것으로 OML 보도에 표시된 핀 번호(예, M1 등)에 동일한 모터 번호와 연결된 4개의 ESC의 3색 선을 각각 연결해 주면 된다. 괄호의 'D#'는 모터와 매칭되는 아두이노 프로미니의 디지털 핀 번호이다.

※ 모터의 순서는 플랫폼마다 상이하다. 일례로 아듀콥터의 쿼드콥터 모터 순서는 멀티위와
   는 다르다. 따라서 여기서 설명한 순서대로 APM 보드의 서보 핀에 연결하면 정상적으로
   작동하지 않는다.

일종의 변압기인 모터 UBEC(Universal Bettery Eliminator Circuit)이 포함된 ESC는 MCU의 신호를 받아 모터의 RPM 속도를 변화시킬 뿐만 아니라 LIPO 배터리에서 공급된 11.1V 전원을 FC와 수신기의 전원으로 사용할 수 있도록 5V (일반적으로 3A)로 변환하여 공급한다. 아래 오른쪽 그림은 ESC에서 나온 선의 연결을 보여 준다. 3색 선의 오렌지, 레드, 브라운색 선은 각각 시그널, + 전원, GND를 나타낸다. MCU를 기준으로 안쪽은 시그널, 가운데는 + 전원, 바깥쪽은 접지를 연결해 준다. UBEC이 포함된 4개의 ESC를 사용할 경우 하나의 3색 선만을 모두 연결해 주고 나머지 3색 선들

은 신호 선(오렌지색)만을 연결해 주거나 전원 선(레드색)을 제외한 신호 선과 GND 두 선을 연결해 준다. 이는 각각의 UBEC에서 나오는 전압이 동일하지 않아서 FC의 센서에 영향을 주는 것을 방지하기 위함이다.

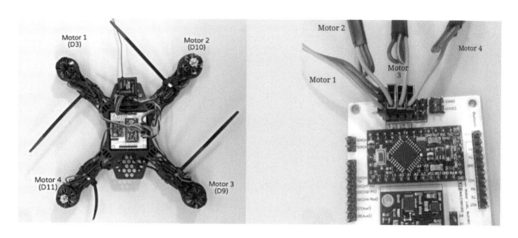

사용하지 않는 3색 선의 +, - 선은 커터칼 날을 이용하여 아래 그림처럼 고정 부분을 이완시켜 주면 쉽게 분리할 수 있다. 추후 사용을 위하여 절단하기보다는 아래처럼 분리하여 절연테이프로 감아 준다.

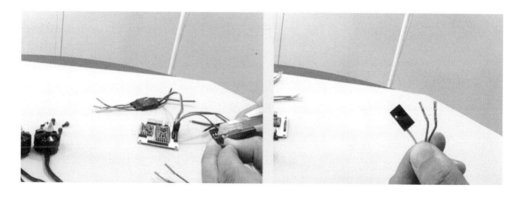

※ 주의 : +, - 선을 거꾸로 연결하는 것과 같은 ESC의 3색 선의 잘못된 연결은 FC 고장의 원인이 되므로 정확한 연결을 확인해야 한다.

※ 참고 : 전자 변속기(ESC)에는 BEC(Battery Eliminator Circuit)가 있는 ESC와 BEC이 없는 ESC로 구분되고, BEC이 없는 ESC를 일반적으로 OPTO ESC라고 부른다. BEC은 정류의 타입이 선형 타입인 LBEC(통상 BEC으로 부름)과 스위칭 타입인 UBEC(또는 SBEC)으로 나누어지는데 요즘은 주로 UBEC을 많이 사용한다. 그 이유는 UBEC이 BEC보다 효

율적이고, 열이 적게 나고, 더많은 전류(일반적으로 3A)를 안정적으로 제공하기 때문이다. OPTO ESC는 BEC이 포함되어 있지 않으므로 더 가볍고, 작으며, 또한 정류 시 나오는 노이즈가 작은 장점이 있다. 따라서 OPTO ESC는 옥타콥터(Octacoptor)나 헥사콥터(Hexacopter)처럼 서보모터가 많아서 무게나 부피를 줄여야 하는 경우, 또는 모터나 ESC의 노이즈가 수신기에 간섭을 일으키는 것을 예방하기 위해 많이 사용된다. 즉, 고출력의 모터나 ESC의 경우는 모터나 ESC에서 생긴 노이즈 또는 간섭이 전원선이나 신호선을 통해서 수신기에 간섭을 일으킬 수 있다.

(7) 오픈 메이커 랩 보드에 모터 RC 수신기 연결하기

비행 컨트롤러와 수신기를 연결하는 방식은 저가의 송수신기에 일반적으로 사용되는 PWM 수신기와 PPM 수신기 방식으로 설명하고자 한다. 멀티위 드론에 사용하기에 다소 고가일 수 있는 SBUS 수신기를 사용하기보다는 6채널 이하의 저렴한 수신기를 가정하였다.

① PWM 수신기 연결하기

먼저 가장 일반적인 비행 컨트롤러와 수신기의 채널이 1대1로 연결되는 PWM 방식을 설명하고자 한다.

다음 그림은 저렴하고 간단해서 초보자들이 많이 사용하는 6채널 송수신기를 예시로 설명하였다. 다음 그림에서 수신기에 1, 2, 3, 4, 5, 6, 7이라고 표시된 숫자는 채널을 나타낸다. 각각의 채널행은 시그널(∏), 전원(+), 접지(-)를 연결하게 되어 있다. 아래 수신기는 모든 채널의 + 전원은 + 전원끼리, 접지(-)는 접지(-)끼리 회로상에 연결되어 있다. 따라서 전원은 +, - 한 개의 선씩만을 연결해 준다.

다음 그림에서 수신기의 CH 1(Roll)은 FC의 D4핀에, CH 2(Pitch)은 D5핀에, CH 3(Throttle)은 D2핀에, CH 4(Yaw)는 D6, CH 5(AUX1)은 D7핀에 연결해 준다.

※ 참고 : 채널의 순서(Channel Order)는 송수신기 브랜드마다 다르나 본 수신기의 채널 순서는 AETR(일명 후타바 순서)를 사용한다. 채널의 순서는 처음 4개의 채널이 송신기 스틱과 연결되는 순서를 설명하고 스틱 모드(Stick Mode) 선택과 관계없이 독립적으로 작동한다.

AETR 순서는 후타바(Futaba), 터니지(Turnigy), 플라이스카이(FlySky), 라디오링크(RadioLink) 등 많은 대중적 송수신기 브랜드들에 적용되고 있고, TAER은 스펙트럼(SpekTrum) DSM2, DSMX, JR DMSS, 그라우프너(Graupner) 등에 적용되고 있고, RETA는 오픈소스 송수신기 펌웨어인 에프알스카이(FrSky), ER9x 등에 적용되고 있다.

AETR

CH 1 = Aileron(Roll), CH2 = Elevater(Pitch), CH3 = Throttle, CH4 = Rudder(Yaw)

RETA

CH 1 = Rudder(Yaw), CH2 = Elevater(Pitch), CH3 = Throttle, CH4 = Aileron(Roll)

TAER

CH 1 = Throttle, CH2 = Aileron(Roll), CH3 = Elevater(Pitch) , CH4 = Rudder(Yaw)

[표 8-1] 채널 순서에 따른 수신기 채널 연결

※ 주의

- 수신기에 +, - 선을 거꾸로 연결하거나 시그널에 + 선을 연결할 경우, 수신기가 고장 나고 화재가 날 수 있다.
* 필자의 경험상 수신기의 +, - 선을 반대로 연결한 결과 수신기를 재구매해야 했다.
- 송수신기의 바인딩 및 연결은 반드시 해당 송수신기 메뉴얼을 통해 사전에 숙지해야 한다.

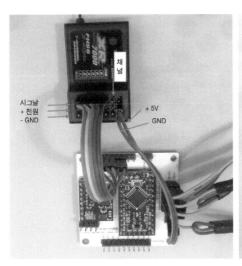

[그림 8-11] 오픈메이커랩 보드와 6CH 수신기의 선 연결

② PPM 수신기 연결하기

　　다음은 PPM 수신기를 사용하고자 하는 사용자를 위해 작고 저렴한 가격으로 250급 레이싱 드론처럼 작은 기체에 많이 사용되는 FrSky D4R-II CPPM(Combined PPM) 수신기를 사용하여 오픈 메이커 랩 보드와 연결하는 방식을 예시로 보여 주고자 한다. 본 예시를 참고하면 다른 PPM 수신기도 쉽게 연결할 수 있다.

　　FrSky D4R-II 수신기는 PWM 방식으로 4채널까지 사용할 수 있는 반면에, PPM 방식으로는 펌웨어 업그레이드를 통해 최대 8채널까지 사용 가능하다.

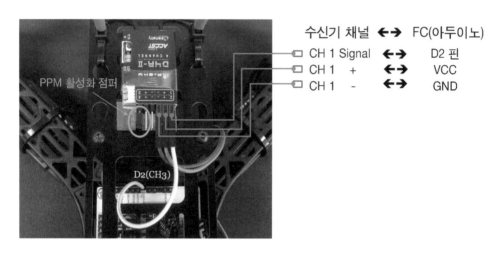

[그림 8-12] 비행 컨트롤러와 D4R-II 수신기 간의 연결

※ 참고
- D4R-II 수신기의 PPM 모드가 활성화되기 위해서는 그림처럼 PPM 활성화 점퍼로 CH 2와 CH 3의 신호선을 연결해 줘야 한다. PPM 활성화 점퍼는 수신기를 구매하면 통상 함께 포함되어 온다.
- 멀티위는 PWM 수신기가 디폴트로 설정되어 있어 PPM 수신기나 SBUS과 같은 디지털 시리얼 수신기를 사용할 경우 멀티위 펌웨어의 Config의 "Special receiver types" 항목을 수정해 줘야 한다. 펌웨어 업로드 항목의 설명을 참고하자.

드론, 입문부터 제작까지 사물인터넷을 활용한 드론 DIY 가이드

※ FrSky D4R-II 수신기 펌웨어 업그레이드하기

FrSky D4R-II 수신기의 오리지널 펌웨어는 18ms(milliseconds)로 작동하고 타이밍 이슈로 인해 PPM 모드로 사용 시 6채널까지만 사용이 가능하다. 즉, 18ms의 짧은 시간 내에 8CH 펄스와 싱크 펄스를 모두 담아내지 못하고 6CH 정도가 안정적으로 작동한다고 한다. PPM 모드로 8CH을 사용하고자 하면 28ms으로 작동하는 펌웨어로 업그레이드를 해주어야 한다. 사이클 폭을 18ms에서 28ms으로 증가시켜 준다는 것은 통신 속도가 좀 더 느려지는 것을 의미하므로 주로 애크로모드(Acro mode)로 비행을 즐기며 아주 빠른 조종을 하는 전문 레이서에는 다소 지체를 감지할 수 있지만, 일반인의 드론 비행에는 체감할 수 없는 정도라고 한다. 업그레이드용 펌웨어는 아래 FrSky의 다운로드 사이트에서 다운로드하면 된다. (http://www.frsky-rc.com/download/files/upgrade/D4R-II_CPPM_27ms.zip)

펌웨어를 업그레이드 위해서는 툴이 필요하다. FrSky USB Cable(Compatible with FrSky Receivers)을 구매하거나 FTDI RS232 US 시리얼 컨버터나 FTDI칩이 내장되어 있는 국산 아두이노 호환 보드인 오렌지보드 우노 버전이 필요하다. FrSky USB 케이블을 구매하면 위 다운로드 사이트에서 다운로드한 파일에 포함된 매뉴얼에 따라 펌웨어를 업그레이드해 주기만 하면 된다. FTDI RS232 컨버터나 오렌지보드(우노)를 사용한다면 좀 더 복잡하다. 아래는 업그레이드 순서를 정리하였다.

FTDI RS232 컨버터를 통한 업그레이드 방법

① FrSky의 D4R-II 수신기와 FTDI RS232 USB-시리얼 컨버터를 아래와 같이 연결해주고, FTDI 컨버터를 USB 케이블을 통해서 PC에 연결한다.

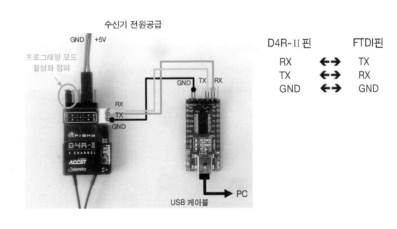

- 프로그래밍 모드에 들어가기 위해서는 CH 1과 CH 2의 신호선을 점퍼로 연결해 준다.

- 위와 같이 RX핀과 TX핀을 상호 교차되도록 연결한다.

- ESC의 UBEC 또는 아두이노 5V핀을 통해 D4R-II 수신기에 +5V 전원을 공급해 준다.

② FT_PROG툴을 아래 다운로드 사이트에서 다운로드한다.

URL: http://www.ftdichip.com/Support/Utilities.htm#FT_PROG

③ 다운로드한 프로그램을 실행하면 아래 상단 그림의 화면이 나타난다. 메뉴의 DEVICE를 선택하고 "Scan and Parse"를 선택하고 몇 초간 기다리면 아래 하단 그림과 같은 연결 장치의 데이터가 표시된다.

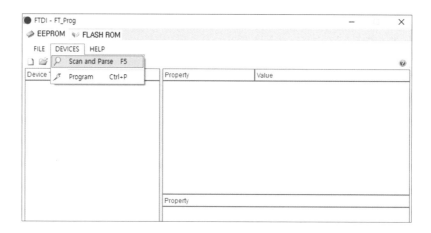

※ FrSky D4R-II 수신기 펌웨어 업그레이드하기

④ 아래 그림의 Device Tree 메뉴에서 'HardwareSpecific' → 'Invert RS232 Signals'
을 선택해 주면 그림의 오른쪽 부분처럼 Invert 작업 창이 나타난다. Invert 작업 창에서
인버트 시키고자 하는 'Invert TXD', 'Invert RXD'에 체크를 한다.

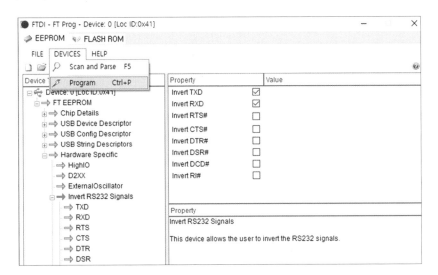

⑤ DEVICE 메뉴의 Program을 선택하면 프로그램 창이 뜬다. 여기서 'Program' 버튼
을 누르고 몇 초 기다리면 프로그램이 완료된다.

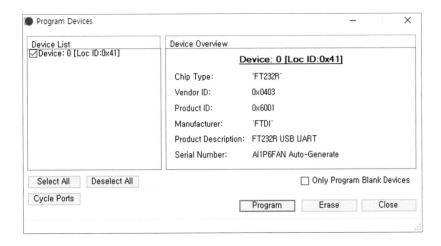

⑥ 업그레이드용 펌웨어는 아래 FrSky의 다운로드 사이트에서 다운로드하면 된다. (http://www.frsky-rc.com/download/files/upgrade/D4R-II_CPPM_27ms.zip)

⑦ 펌웨어 업그레이드는 위의 사이트에서 다운로드한 ZIP 압축 파일에 포함된 매뉴얼을 참고하여 수행한다. 매뉴얼이 상세하고 쉽게 설명되어 있어 별도로 반복하지 않고 생략한다.

※ FTDI RS232 컨버터의 복제품으로는 FT_PROG툴을 통한 프로그래밍을 할 수 없으니 구매 시 확인이 필요하다. 정품 FTDI 컨버터를 구하기 어려운 경우 대안으로 오렌지 보드를 활용해 보자.

아두이노 호환 보드인 오렌지 보드를 활용한 업그레이드

① FrSky의 D4R-II 수신기와 오렌지 보드를 아래와 같이 연결해 주고, 오렌지 보드를 USB 케이블을 통해서 PC에 연결한다.

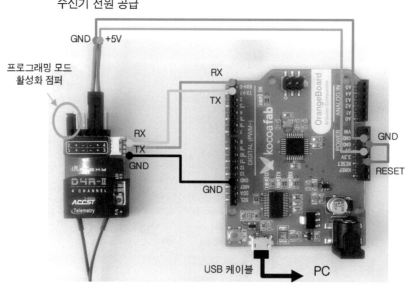

이후 과정은 FTDI 컨버터를 이용한 업그레이드의 ②~⑦번 항목과 동일하게 FT_PROG을 사용하여 TX와 RX를 인버트해 주는 과정을 수행하고 D4R-II_CPPM_27ms 펌웨어를 업로드해 주면 된다.

(8) 전체 조립

그동안 부분적으로 조립하였던 ESC와 배전반, 수신기를 몸체에 배치하고 최종적으로 프로펠러를 고정시킨다.

먼저 케이블 타이로 변속기를 네 개의 날개에 균형 잡히게 고정시킨다. 수신기는 위에 설명한 대로 연결한 후 케이블 타이 또는 3M과 같이 접착력이 뛰어난 양면 테이프로 FC의 앞쪽에 단단히 고정시켜 준다. 프로펠러는 회전 방향을 고려하여 설치하여야 한다. 앞쪽 두 개의 프로펠러는 FC를 중심으로 안쪽으로 회전 시 양력을 받을 수 있도록 프로펠러를 위치시켜준다. 반면에 뒤쪽의 두 개의 프로펠러는 바깥쪽으로 회전 시 양력을 받을 수 있도록 프로펠러를 위치시켜 준다. 마지막으로 배전반 뒤로 LIPO 배터리를 고정시켜 준다.

[그림 8-13] 집타이를 활용한 ESC 고정 및 프로펠러와 배터리의 장착 예시

※ 주의 : 멀티위 펌웨어 업로드와 ESC 켈리브레이션 전에는 LIPO 배터리 전원을 연결하지 않는다.

지금까지 250 드론의 조립에 대하여 간략히 설명하였다. 역시 이론보다 실습이 조금은 쉬워 보일 것이다! 조립하다 보면 조금은 어려움을 느끼고, 매번 고비가 있는데, 그때마다 자신의 갑작스러운 능력에 놀라며 내가 호모파베르임(도구의 인간)을 깨닫게 되는 때가 있을 것이다.

8.3 멀티위 펌웨어 업로드 및 설정

250 쿼드의 조립이 끝났으면 PC의 아두이노 IDE에서 멀티위 펌웨어를 설정하고 FTDI 시리얼을 통해 업로드하는 방법을 소개한다.

8.3.1 소프트웨어 다운로드

아두이노 스케치로 작성된 멀티위 펌웨를 업로드하기 위해서는 먼저 아두이노 IDE가 설치되어 있어야 한다. 다음 링크에서 아두이노 IDE를 설치한다. (https://www.arduino.cc/en/Main/Software)

아두이노 IDE를 설치하였다면 이제 멀티위 SW를 설치하여야 한다. 멀티위 SW는 일종의 플랫폼으로 드론의 FC를 작동시키기 위해 드론의 FC에 업로드시키는 펌웨어와 드론의 비행 모드 설정, 켈리브레이션, PID 값 설정, 센서 상태 확인 등에 활용하기 위해 PC에서 실행되는 'MultiWiiConf' 파일로 구성되어 있다.

멀티위 펌웨어 다운로드 사이트(https://code.google.com/archive/p/multiwii/)로 들어가면 [그림 8-14]와 같이 코드 다운로드 링크가 나온다. Open Maker Lab Board v1은 아두이노 프로미니에 기반하므로 이를 지원하는 최신 코드인 MultiWii_2.4를 다운로드한다.

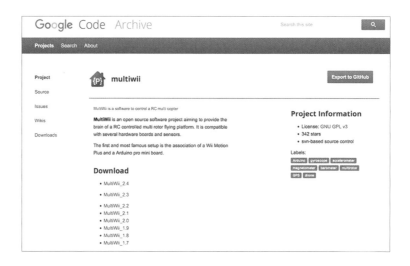

[그림 8-14] MultiWii 펌웨어의 다운로드 사이트와 펌웨어 버전

다운로드된 압축 파일을 풀고 클릭하면 다시 두 개의 폴더가 나온다. 'MultiWii' 폴더는 FC에 업로드할 스케치 펌웨어 파일이고, 'MultiWiiConf' 폴더는 PC에서 실행되는 소프트웨어이다.

change.txt   MultiWii   MultiWiiConf

8.3.2 멀티위 펌웨어 업로드 및 'Config.h' 설정

다운로드 받은 'MultiWii_2.3'에서 'MultiWii' 폴더를 클릭하면 아래 그림과 같이 스케치 파일들이 나타난다. 여기서 'MultiWii.ino' 파일을 클릭하면 아래 두 번째 그림과 같은 멀티위 스케치 펌웨어가 열린다(아두이노 IDE가 먼저 설치되어 있어야 한다).

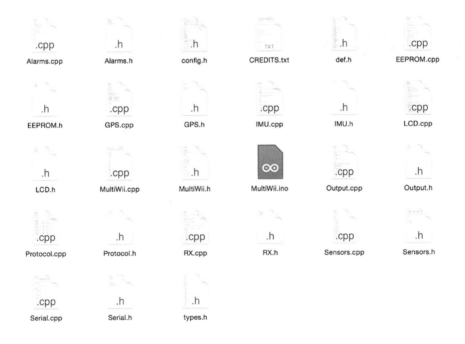

스케치 펌웨어를 FC에 업로드하기에 앞서 멀티위 스케치의 'Config.h' 파일에서 기체 타입, 사용하는 IMU, 센서 등을 설정해 준다. 'Config.h' 파일을 열기 위해서는 아두이노

IDE 오른쪽 상단 끝에 드롭다운 메뉴를 클릭하면 아래 그림처럼 숨겨져 있는 'Config.h' 스케치 파일을 선택할 수 있다.

멀티위 스케치 'Config.h'를 열고 기본 설정을 한다. 'Config.h' 파일을 열면 아래 그림처럼 상단에 'CONFIGURABLE PARAMETERS'라는 항목이 나오는데 이는 'Config.h'을 통해서 설정할 수 있는 파일의 구성을 나타낸다. 본 설정에서는 1번 항목 기본 설정(BASIC SETUP)만을 주로 수행하고 추가적으로 PPM Sum 수신기를 사용할 경우를 위한 설정을 추가하였다. 2번 이하 항목을 통해서 GPS, 부저, LED, LCD 등의 추가되는 기능을 설정할 수 있고 송수신기, AUX 채널의 변경 등 시스템 변경 작업을 수행할 수 있다. GPS 등 2번 이하의 추가 설정을 할 경우 멀티위 사이트를 주의 깊게 숙지하여야 한다.

※ 주의 : Config.h 설정 전에 멀티위 커뮤니티와 여기에 게시되어 있는 'Multiwii Beginners Guide to Basic First Flight'을 읽어볼 것을 권장한다.

```
● ● ●                          MultiWii | 아두이노 1.6.5

MultiWii  Alarms.cpp  Alarms.h  EEPROM.cpp  EEPROM.h  GPS.cpp  GPS.h  IMU.cpp  IMU.h  LCD.cpp  LCD.h

#ifndef CONFIG_H_
#define CONFIG_H_

/*****************************************************************************/
/****            CONFIGURABLE PARAMETERS                              ****/
/*****************************************************************************/

/* this file consists of several sections
 * to create a working combination you must at least make your choices in section 1.
 * 1 - BASIC SETUP - you must select an option in every block.
 *      this assumes you have 4 channels connected to your board with standard ESCs and servos.
 * 2 - COPTER TYPE SPECIFIC OPTIONS - you likely want to check for options for your copter type
 * 3 - RC SYSTEM SETUP
 * 4 - ALTERNATE CPUs & BOARDS - if you have
 * 5 - ALTERNATE SETUP - select alternate RX (SBUS, PPM, etc.), alternate ESC-range, etc. here
 * 6 - OPTIONAL FEATURES - enable nice to have features here (FlightModes, LCD, telemetry, battery monitor etc.)
 * 7 - TUNING & DEVELOPER - if you know what you are doing; you have been warned
 *      - (ESCs calibration, Dynamic Motor/Prop Balancing, Diagnostics,Memory savings.....)
 * 8 - DEPRECATED - these features will be removed in some future release
 */

/* Notes:
 * 1. parameters marked with (*) in the comment are stored in eeprom and can be changed via serial monitor or LCD.
 * 2. parameters marked with (**) in the comment are stored in eeprom and can be changed via the GUI
 */
```

```
/***************************************************************************/

/******************                               ***************/

/******************    SECTION  1 - BASIC SETUP   ***************/

/******************                               ***************/

/***************************************************************************/

/******************    The type of multicopter    ***************/

 #define QUADX
```

⇒ 기체의 유형이 날개가 4개인 콥터이므로 쿼드콥터의 코멘트(//) 표시를 제거하여 'define QUADX' 작동 상태로 만든다.

/******************** Motor minthrottle ***********************/

/*Set the minimum throttle command sent to the ESC (Electronic Speed Controller)

  This is the minimum value that allow motors to run at a idle speed   */

  #define MINTHROTTLE 1064 // special ESC (simonk)

  //#define MINTHROTTLE 1150 // (*) (**) → 디폴트값

⇒ 디폴트값은 '#define MINTHROTTLE 1150'이었으나 simonk 펌웨어가 들어 있는 ESC를 사용하므로 '#define MINTHROTTLE 1064'의 코멘트를 풀었다.

⇒ BLHeli ESC를 사용하는 경우 디폴트 설정인 'define MINTHROTTLE 1150'을 사용한다.

/******************** Motor maxthrottle ***********************/

  /* this is the maximum value for the ESCs at full power, this value can be increased up to 2000 */

  #define MAXTHROTTLE 2000

⇒ 디폴트값은 1850이나 액티브한 조정을 위해 2000으로 올렸다.

/******************** Mincommand ***********************/

  /* this is the value for the ESCs when they are not armed in some cases, this value must be lowered down to 900 for some specific ESCs, otherwise they failed to initiate */

  #define MINCOMMAND 1000

⇒ 디폴트값

/******************** I2C speed ***********************/

  //#define I2C_SPEED 100000L   //100kHz normal mode, this value must be used for a genuine WMP

  #define I2C_SPEED 400000L   //400kHz fast mode, it works only with some WMP clones

⇒ 디폴트 SPEED는 100,000L이나 아트메가 328p에 적합한 400,000L을 설정해 준다.

```
/**************************************************************************/
/****************    boards and sensor definitions    ***************/
/**************************************************************************/
/********************    Combined IMU Boards    **********************/
/* if you use a specific sensor board:
        please submit any correction to this list.
            Note from Alex: I only own some boards, for other boards, I'm not sure, the
info was gathered via rc forums, be cautious */
```

⇒ 펌웨어에 지정된 특정한 FC 보드를 사용하지 않으므로 이 부분은 건너뛰고 독립 센서로 가서 지정해 준다.

 ※ 아래 독립 센서에서 설정하지 않고 Open Maker Lab board에 사용된 IMU 보드인 GY87과는 유사한 GY88을 선택(#define GY_88)해 주어도 된다. 이 경우 아래 독립 센서 부분은 건너뛴다.

```
/********************    independent sensors    *********************/
    /* leave it commented if you already checked a specific board above */
    /* I2C gyroscope */
    #define MPU6050        //combo + ACC

    /* I2C barometer */
    #define BMP085

    /* I2C magnetometer */
    #define HMC5883
```

⇒ 사용하고 있는 센서, MPU 6050, BMP 085(BMP 180 호환), HMC 5883을 차례대로 선택해 준다.

 ※ 디폴트인 PWM 수신기가 아닌 PPM Sum 수신기를 사용할 경우 추가로 필요한 설정

```
/***************************************************************************/
/*******************                        *******************/
/**********    SECTION  3 - RC SYSTEM SETUP    *************/
/*******************                        *******************/
/***************************************************************************/


/* note: no need to uncomment something in this section if you use a standard receiver */
/*****************************************************************************************/
/*******************************    special receiver types    ***********************/
/*****************************************************************************************/


/**********************************    PPM Sum Reciver    **********************************/
/* The following lines apply only for specific receiver with only one PPM sum signal, on
digital PIN 2
Select the right line depending on your radio brand. Feel free to modify the order in your
PPM order is different */
//#define SERIAL_SUM_PPM PITCH,YAW,THROTTLE,ROLL,AUX1,AUX2,AUX3,A
UX4,8,9,10,11
        //For Graupner/Spektrum
//#define SERIAL_SUM_PPM ROLL,PITCH,THROTTLE,YAW,AUX1,AUX2,AUX3,A
UX4,8,9,10,11
        //For Robe/Hitec/Futaba
//#define SERIAL_SUM_PPM ROLL,PITCH,YAW,THROTTLE,AUX1,AUX2,AUX3,A
UX4,8,9,10,11
        //For Multiplex
#define SERIAL_SUM_PPM YAW,PITCH,ROLL,THROTTLE,AUX1,AUX2,AUX3,A
UX4,8,9,10,11
        //For some Hitec/Sanwa/Others ⇒
```

⇒ FrSky 계열의 조종기를 사용하였으므로 위에 체크를 풀어주어 코드상에 PPM 수신기 기능을 활성화해 준다.

멀티위 Config.h 스케치 파일에서 설정이 끝났으면, 이제 드론의 두뇌인 FC에 멀티위 펌웨어를 업로드할 차례이다. 아두이노 IDE의 업로드 파일(⇒ 표시)을 누르면 전체 스케치 파일이 FC의 아두이노 프로미니에 업로드 된다. 업로드 전에 아래 그림처럼 FTDI RS232 USB-시리얼 컨버터를 OML 보드와 PC에 연결해 주어야 한다.

(1) TDI USB-to-TTL과 Arduino Pro Mini 연결 방법

FTDI USB-to-TTL TX (보라색) → Arduino RX

FTDI USB-to-TTL RX (파란색) → Arduino TX

FTDI USB-to-TTL GND (갈색) → Arduino GND

FTDI USB-to-TTL +5Vcc (적색) → Arduino VCC

FTDI USB-to-TTL DTR (녹색) → Arduino Reset

∴ 새로운 펌웨어를 업로드할 때만 사용(기존의 플래시 메모리에 저장된 스케치는 모두 삭제된다.)

FTDI USB-to-TTL CTS → 연결하지 않음

※ 오픈 메이커 랩 보드 v1은 기존 FTDI 보유자나 아두이노 우노 보유자를 위해 다소 값비싼 FTDI 칩을 FC에서 삭제하였으므로 FTDI 시리얼 컨버터가 없다면 아두이노를 활용하여 업로드할 수 있다.

※ 아두이노를 FTDI 시리얼 컨버터로 사용하기(출처 : www.openmakerlab.co.kr/)

아두이노 프로미니, 아두이노 미니를 갖고 프로젝트를 하거나, minim OSD와 같은 보드를 활용하여 FPV를 DIY하다 보면 펌웨어를 업로드하거나 업데이트하기 위해서 FTDI RS232 USB 시리얼 컨버터라는 것이 필요할 때가 있다. 이것은 USB와 UART 시리얼 인터페이스 간을 연결해 주는 역할을 한다. 아두이노 우노에서는 FTDI 칩이 내장되어 새로운 스케치를 업로드할 때마다 자동적으로 리셋이 되면서 업로드된다.

하지만 FTDI 칩이 없는 경우 별도의 FTDI RS232 USB 시리얼 컨버터가 이 역할을 해주어야 한다. 사실 DIY에 사용되는 많은 오픈소스 브레이크아웃 보드들이 비용상, 또는 공간 활용을 위해 다소 값비싼 FTDI 칩을 설계에서 배제한다. 이러한 점들이 바로 오픈소스를 사용하는 코스트 중의 하나다.

단 한 번의 펌웨어 업로드를 위해 FTDI RS232 USB 시리얼 컨버터를 구매하는 것이 불합리하다고 생각하거나 또는 프로젝트에 바쁜데 주문하고 며칠을 기다리는 것이 어렵다면, 여기 대안이 있다. 아두이노 프로젝트가 끝나고 집 안의 어딘가에 방치되어 있는 아두이노 우노를 FTDI 시리얼 컨버터로 사용하는 것이다.

[그림 8-14] 아두이노를 활용한 OML 보드에 펌웨어 업로드

이상으로 멀티위 펌웨어 설정과 업로드에 대한 설명을 마무리하고 다음에는 비행 모드 설정과 ESC 켈리브레이션에 대하여 설명하도록 하겠다.

8.3.3 멀티위 어플리케이션을 통한 사용자 환경 설정 및 켈리브레이션

이제 멀티위 펌웨어를 FC에 업로드했으면 FC를 FTDI 시리얼 컨버터를 통해서 PC의 USB 포트에 연결한다. 새로운 장치 검색 메시지가 뜨고 드라이버가 설치된다(FTDI 드라이버 설치). 그리고 PC에 설치된 MultiWiiConfig 프로그램을 실행한다.

실행된 MultiWiiConfig 프로그램은 아래와 같다. 아직 통신이 연결되지 않아 데이타는 표시되지 않는다.

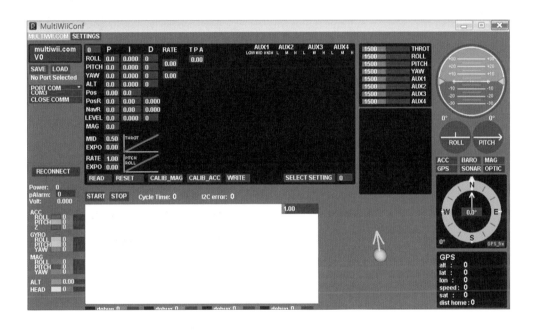

그림의 좌측 상단에 있는 통신 PORT COM 3를 선택(클릭)해 주고 START(그래프 박스 상단) 버튼을 누르면 다음 그림처럼 데이터가 나타난다.

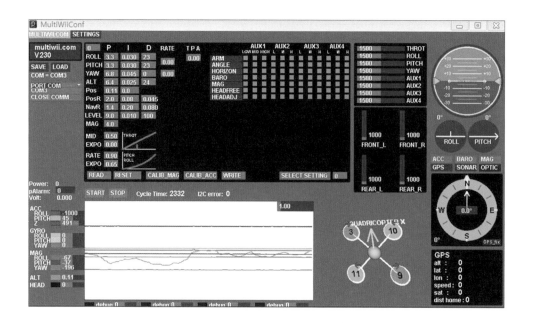

구글에서 'MultiWii Configuration'으로 검색하면 많은 흥미 있는 비디오가 검색될 것이다. 백문이 불여일견이라고 이를 참고하면 많은 도움이 될 것이다.

(1) RC Rate과 RC Expo 설정

RC RATE은 조종기의 Pitch와 Roll 스틱 변화에 대한 드론의 민감도를 말한다. 조종기 스틱에 대한 반응성이 너무 좋으면 RATE 값을 감소시키고, 반응성을 향상시키고 싶으면 RATE 값을 증가시킨다.

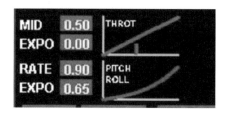

RC EXPO는 조종기 피치와 롤 스틱이 보다 스무드하게 조종되는 구간(Smoother zone)을 말한다. RC EXPO 값을 보다 증가시키면 스틱의 민감성이 감소한다.

'Throttle MID'는 호버링이 무리 없이 되는 값으로 디폴트값이 0.5로, 조종기 스로틀 스틱이 센터보다 위에 위치하였을 때 호버링이 된다면 'Throttle MID'값을 올려야 하고 반대라면 'Throttle MID'값을 내려야 한다. 'Throttle EXPO'는 스로틀 스틱의 반응성으로 제로에 가까울 때(즉, 선이 평탄할 때) 더 부드러운 반응을 나타낸다.

RC Rate과 EXPO 설정은 보다 안정적인 호버링과 드론 레이싱에서의 빠르고 기민한 조정을 위한다면 값의 변화를 줄 필요가 있지만 통상 디폴트값을 사용한다.

(2) PID값 설정

PID(Proportional-Intergral-Derivative)는 콘트롤 시스템에서 많이 사용되는 제어 - 루프 - 피드백 메커니즘에서 사용되는 제어 방식으로 드론의 안정적인 비행과 조종을 위해 적용되었다. 기본적으로 디폴트값으로도 어느 정도 잘 날 수 있으나, 기체의 형태, 무게, 진동, 추진력 등의 요인으로 추후 PID값의 변경이 필요할 수 있다.

P는 드론이 초기 위치로 되돌아오도록 교정하는 힘을 나타낸다. P값이 크면 견고하고 안정적인 비행을 하나 P값이 너무 크면 기체에 진동이 발생한다. P값이 낮으면 흐름(drift) 현상이 나타나고 심하면 기체가 매우 불안정하게 된다.

I는 각의 변화가 샘플링되고 평균화되는 시간을 나타낸다. 초기 위치로 되돌아오려는 값은 I값이 클수록 증가되어 각도를 지속시키는 능력이 커진다. 따라서 I값을 증가시키면 초기 위치를 지속시키는 능력을 증가시키고 기체의 흐름(drift)를 감소시키는 반면, P 값의 영향을 감소시킨다. I값을 감소시키면 변화에 대한 반응을 향상시키는 반면, 초기 위치를 지속시키는 힘을 약화시키고 흐름이 증가된다.

D는 드론이 본래의 위치로 되돌아오려는 속도이다. 즉, P값은 드론은 어느 한 방향으로 계속해서 푸시한다면, D값은 일종의 완충 장치이고 반동으로 볼 수 있다. D값이 증가되면 편차에서 회복되는 속도가 증가되므로 빠른 복구 속도로 기체의 진동이나 반동(Overshooting)이 발생할 수 있는 반면, P 값의 영향이 증대된다. D값이 작아지면 본래의 위치로 되돌아오려는 속도가 늦고 P값의 영향이 줄어든다.

레벨(LEVEL) PID값은 안정화 모드(Stable mode: LEVEL Mode)에서 가속도계의 영향력을 정의하는 값으로 안정화 모드가 작동된 상태에서 드론이 안정화되지 못한다면 P값을 감소시킨다.

롤/피치/요 PID값의 옆에 있는 RATE 값은 조종기의 반응을 나타내는 것으로 초보자의 경우 디폴트값(0)을 사용한다.

※ 주의 : 위에 설명된 PID값 설정은 기본적인 이해를 위한 설명으로 본격적인 PID 튜닝을 위해서는 멀티위 커뮤니티의 PID 튜닝 가이드(http://www.multiwii.com/wiki/?title=PID)를 숙지해야 한다.

(3) 라디오 켈리브레이션(Radio calibration) : RC 수신기 채널 Stick 값 설정

1500	THROT
1500	ROLL
1500	PITCH
1500	YAW
1500	AUX1
1500	AUX2
1500	AUX3
1500	AUX4

수신기에 채널의 입력값을 나타낸다. 스로틀/롤/피치/요 스틱이 센터에 위치했을 때 값은 대략 1,500이어야 한다. 스틱 센터값이 1,500에서 많이 벗어나면 시동이 안 걸릴 수가 있다. 이럴 경우 RC 송신기의 트림 조정이 필요하다.

(4) 작동 센서 표시

FC 보드에 열결되어 작동되는 센서를 녹색으로 표시해 준다.

(5) ACC, MAG 켈리브레이션

프로그램의 PID 설정 창 맨 밑에 보면 'CALIB_ACC', 'CALIB_MAG'라고 표시된 버튼이 위치하고 있는데, 각각 가속도계와 지자계/컴퍼스의 켈리브레이션을 수행한다.

(6) 가속도계(ACC) 켈리브레이션 방법

아래 그림은 켈리브레이션 전(좌측 그림)과 후(우측 그림)의 센서값을 나타낸다.

먼저 센서가 움직이지 않고 수평을 유지할 수 있는 평평한 곳에 위치시킨다.

그래프 위의 'CALIB_ACC' 버튼을 누르고 Roll과 Pitch의 값이 0에 가깝도록 몇 초간 기다린다. 켈리브레이션 된 값은 +10과 -10 이내이어야 한다. Z축의 값은 512값 (+/- 5)에 근사해야 한다. 롤/피치값이 0에 가깝지 않고 Z값이 512 값에 가깝지 않다면 ACC 켈리브레이션을 다시 수행한다. 켈리브레이션을 끝마치고 적당한 값을 얻었으면 Confg 프로그램의 그래프 상단에 위치한 [WRITE] 버튼을 누르면 켈리브레이션된 값이 비행 컨트롤러에 저장된다. 제대로 저장했는지 확인하기 위해 그래프 상단에 위치한 [REDAD] 버튼을 눌러 본다. 이때 올바르게 저장되었으면 켈리브레이션 후 값이 다시 나타나고, 저장이 안 되었으면 켈리브레이션 이전 값으로 바뀔 것이다.

(7) 지자계(MAG) 켈리브레이션 방법

MultiWiiConfig 프로그램은 30초 이내에 MAG 켈리브레이션을 수행해야 한다.
- 먼저 드론을 수평으로 들고 동서남북 360도 수평 회전시킨다.
- 드론을 Roll 축을 중심으로 360도 회전시킨다.
- 드론을 Pitch 축을 중심으로 360도 회전시킨다.
- 드론의 측면을 바닥면과 직각이 되게 세운 후 수평 회전시킨다.
- 위의 수평 회전을 동서남북으로 수행한다.

위와 마찬가지로 [WRITE], [READ] 버튼을 눌러 보아 켈리브레이션 값이 제대로 저장되었는지를 확인해 본다.

(8) 비행 모드 설정

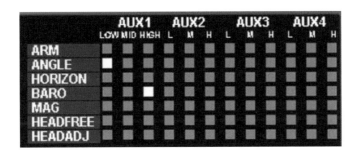

멀티위는 사용되는 센서에 따라 다양한 비행 모드 설정을 지원한다.

가속도계를 사용하는 모드는 앵글(ANGLE)과 호라이즌(HORIZON) 모드가 있고, 기압계를 사용하는 바로(BARO) 모드, 지자계를 사용하는 매그(MAG), 헤드프리(HEADFREE), 헤드ADJ(HEADADJ) 모드가 있다.

앵글 모드는 드론의 이륙 시 빠른 안정화를 지원하는 안정화 모드이다. 호라이존 모드도 안정화 모드이나 메뉴얼 모드와 안정화 모드의 하이브리드 형태의 비행 모드이다. 즉, 급속한 스틱 변동 시 메뉴얼 모드로 전환된다. 바로 모드는 바로미터를 이용하여 스틱이 센터에 위치할 때 고도를 고정시키는 역할을 한다. 기타 다양한 모드는 멀티위 커뮤니티의 비행 모드 링크를 참고한다. (http://www.multiwii.com/wiki/?title=Flightmodes)

※ 초보자는 애크로 모드로 비행이 어려우니 앵글 모드로 설정하고 비행할 것을 권장한다.

8.4 ESC 스로틀 켈리브레이션(Calibration)하기

완성품 드론의 경우 공장에서 ESC와 연결된 모터의 회전 속도가 어느 정도 일치하게 켈리브레이션 되서 판매가 되어 별도의 ESC 켈리브레이션이 없어도 날 수가 있다. 하지만 DIY의 경우 부품으로 출시된 개별 모터의 회전 속도가 ESC에 의해서 동일한 회전 속도로 회전하지 못할 수가 있다. 모터 회전수의 차이가 큰 경우 드론이 매우 불안정한 상태로 이륙하고, 최악의 경우 이륙하자마자 추락할 수 도 있다. 따라서 DIY로 드론을 만드는 경우 ESC 켈리브레이션은 필수이다.

ESC 켈리브레이션은 최초 조립 시 RC 조종기의 스로틀 스틱이 최저일 때와 최대일 때를 알려주어 4개의 모터가 동일하게 회전을 시작해서 최고의 출력을 내도록 해주는 방법이다. 즉, 4개의 모터가 동일하게 회전하도록 각각의 ESC에 추진력의 최댓값과 최솟값의 범위를 알려주는 것이다.

※ 본 ESC 켈리브레이션 방식은 여러 개의 채널이 하나의 선으로 연결되는 PPM 또는 SBUS 방식의 수신기와 각각의 채널이 수신기 개별 핀에 할당되어 있는 PWM 방식의 수신기에 공통적으로 적용이 가능하다. ESC 켈리브레이션을 위해서는 라디오 송수신기의 바인딩과 설정이 사전에 되어 있어야 한다. 개별 ESC 켈리브레이션은 동일 RC 송수신기를 가지고 수행하여야 한다.

※ 주의 : 안전을 위해서 ESC 켈리브레이션 전에 반드시 프로펠러를 제거해야 한다.

다양한 켈리브레이션 방법이 있는데, 가장 일반적인 ESC별 수동 켈리브레이션 방법을 소개한다. 이 방법은 멀티위나 APM과 같은 플랫폼과 관계없이 공통적으로 사용할 수 있다.

① [그림 8-15]처럼 첫 번째 모터와 ESC를 연결하고 ESC의 신호선과 5V +, - 선을 수신기 스로틀 채널(Ch3)에 연결한다.

※ 주의: +, - 선을 반대로 연결하면 수신기가 고장난다.

※ 스로틀 채널번호(Ch#)는 송수신기가 채택하고 있는 채널 순서에 따라 다르다. 여기서는 후타바 방식으로 설명하였다.

② RC 송신기의 스로틀 스틱을 최대로 올린다.

③ LIPO 배터리를 연결한다.

④ 모터에서 삐 소리가 1회 나면 RC 송신기의 스로틀 스틱을 최저로 내린다.

⑤ 스로틀 스틱을 내린 상태에서 "삐 삐 삐 삐 삐" 소리가 나면 첫 번째 모터의 켈리브레이션이 끝난 것이다.

※ 신호음은 ESC 제조업체에 따라 조금씩 차이가 나므로 ESC 메뉴얼을 참고한다.

⑥ LIPO 배터리를 제거한다.

⑦ 나머지 모터와 ESC에 대하여 ① ~ ⑥번을 반복한다.

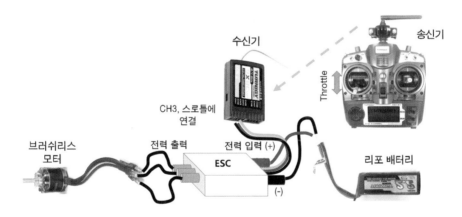

[그림 8-15] ESC 캘리브레이셔

멀티위 비기너 가이드(Multiwii Beginners Guide to Basic First Flight)에서는 조립된 ESC를 다시 분해하는 번거로움을 줄이기 위해 S/W적으로 all in one 방식으로 켈리브레이션 하는 방식을 제공한다. 하지만 이러한 경우 멀티위 펌웨어를 다시 업로드하고 설정을 다시 해야 하는 번거로움이 있다.

8.5 블루투스 모듈을 활용한 EZ-GUI 텔레메트리 구현

멀티위를 조립하고 USB 케이블을 비행 컨트롤러와 PC에 연결한 후 'multiwii.confg' 프로그램을 통해 드론의 센서 캘리브레이션을 하다 보면 이리저리 얽히고 꼬이는 USB 선으로 켈리브레이션이 중단되는 경험을 하게 된다. 또한, 좀 더 완벽한 기체의 안정성을 위해 PID 튜닝을 하다 보면 한 번 PID값을 변경하고 비행 테스트를 해보고 다시 USB 케이블을 연결하여 PID값을 수정하는 과정을 반복한다는 것이 굉장히 불편하게 느껴질 것이다. EZ-GUI 앱은 이러한 유선의 번거로움을 해소하기 위한 안드로이드 GCS이다. 블루투스와 같은 간단한 텔리메트리 구현을 통해 PC 없이도 스마트폰으로 설정과 튜닝을 장소와 관계없이 수행할 수 있게 해준다. 즉, 드론 비행장에 노트북을 가지고 갈 필요가 없는 것이다.

EZ-GUI 앱은 안드로이드 기반의 GCS(Ground Control System)로 멀티위와 클린플라이트와 같은 멀티위 개열의 드론 플랫폼의 모바일 GCS로 사용된다. EZ-GUI는 멀티위의 GCS 프로그램인 'mutiwii.config'의 모든 기능을 안드로이드 스마트폰과 테블릿에서 구현할 수 있게 해준다. 그 외에도 'multiwii.config'에서 할 수 없는 GPS 경로(waypoint) 설정, 팔로미 기능 등을 수행할 수 있게 해준다.

EZ-GUI와 비행 컨트롤러와의 무선 통신을 위해서는 블루투스나 와이파이, 3DR 텔레메트리의 구현이 필수적이다. 본 장에는 저렴하고 구하기 쉬운 HC-06 블루투스 모듈로 텔레메트리를 구현하고 EZ-GUI의 간단한 사용법을 수록하였다.

8.5.1 블루투스의 통신 속도 변경

EZ-GUI 그라운드 스테이션(Ground Station) 앱과 멀티위 비행 컨트롤러와 통신을 위해서는 블루투스 HC-06 모듈의 통신 속도를 디폴트값인 9,600 보드 레이트(baud rate)에서 115,000 보드 레이트로 변경해 줘야 한다. 이를 위해 RS232 FTDI USB 시리얼 컨버터를 사용한다.

(1) 블루투스와 FTDI USB 시리얼 컨버터 연결하기

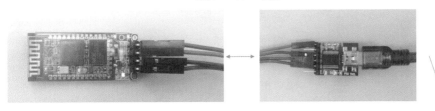

VCC ⇔ VCC
GND ⇔ GND
TXD ⇔ RXD
RXD ⇔ TXD

PC USB에 연결

[그림 8-16] 블루투스와 FTDI 시리얼 컨버터 간의 연결 방법

(2) 아두이노 IDE를 활용하여 블루투스 전송 속도 변경하기

변경 절차는 다음과 같다. 먼저 아두이노 IDE를 설치한다. (http://www.arduino.cc/en/main/software)

① HC-06 Bluetooth를 USB-Serial 컨버터를 통해 PC에 연결한다. (연결 시 LED가 깜박이어야 한다)

② USB-Serial 컨버터가 사용하는 COM 포트를 PC의 장치 관리자에서 확인한다.

③ 아두이노 IDE를 실행한다.

④ 아두이노 IDE에서 USB Serial 컨버터가 사용하는 포트 No.를 선택해준다.

⑤ 아두이노 IDE의 시리얼 모니터 창을 연다.

⑥ 아두이노의 시리얼 모니터 설정을 '자동 스크롤', 'line ending 없음'으로 설정한다.

⑦ 아두이노 시리얼 모니터 입력 창에 AT를 입력하면 OK가 메시지 창에 뜨면, 정상적인 설정 모드 상태가 된 것이다.

⑧ 변경하고자 하는 블루투스 설정어를 시리얼 모니터에 입력한다.

⑨ 설정이 끝났으면 정상적으로 작성하는지를 확인하기 위해 다시 한 번 시리얼 모니터 입력 창에 AT를 입력하고 OK의 회신을 확인한다.

※ 이때 보드 레이트(Baud rate)를 변경된 115,200으로 설정해야 통신이 된다.

[그림 8-17] 아두이노 시리얼 모니터 창에 AT를 입력하고 전송을 누르면 나타나는 OK 신호

※ 블루투스 HC-06 설정 명령어(시리얼 모니터 입력 창에 명령어를 입력한다.)

- Baud Rate 속도 변경: AT+BAUDn

  → n 대신 변경하고자 하는 통신속도에 해당하는 아래 숫자(8) 또는 알파벳을 입력하고
  '전송' 버튼을 누른다.

  (1=1,200, 2=2,400, 3=4,800, 4=9,600(default), 5=19,200, 6=38,400, 7=57,600,
  8=115,200,9=230,400, A=460,800, B=921,600, C=1,382,400)

  → 입력 창 회신 메시지 OK115,200

[그림 8-18] 115200 보드레이트로 전송 속도 변경 화면

- 이름 변경: AT+NAMEname

  → name 대신 변경하고자 하는 이름을 입력(최대 20 character 입력 가능)

  → 입력창 회신 메시지 OK setname

- Paring code 변경: AT+PINnnnn

  → nnnn 대신 변경하고자 하는 코드를 입력

  → 입력 창 회신 메시지 OK setPIN

블루투스의 초기 디폴트 이름과 비밀번호는 HC-06과 1234 또는 0000으로 설정되어 있다. 여러 사람이 사용할 경우 본인 블루투스를 찾기 어려운 경우가 있으니 이름과 비밀번호도 변경하는 것이 좋다.

(3) 블루투스와 오픈 메이커 랩 보드 연결

블루투스의 설정이 완료되었으면 [그림 8-19]와 같이 이제 FC와 연결하여 준다.

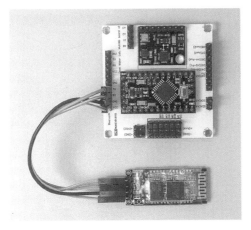

VCC	⇔	VCC
GND	⇔	GND
TXD	⇔	RXD
RXD	⇔	TXD

[그림 8-19] 블루투스와 FC와의 연결

8.5.2 EZ-GUI의 사용법

① 먼저 구글 플레이 등과 같은 안드로이드 앱장터에서 EZ-GUI를 검색하여 안드로이드 스마트폰에 설치해 준다.

[그림 8-20] 구글 플레이에서 검색된 EZ-GUI 앱 및 주요 기능

② 설치 후 실행하면 [그림 8-21]의 왼쪽 그림 화면이 나타나고 접속(connect) 버튼을 눌러 블루투스를 통해 FC와 연결이 되면 오른쪽 그림의 상황판(Dashboard) 메뉴가 나타난다.

실행 초기 화면에는 드론의 비행에 관련이 있는 정보를 요약하여 제공한다. 현재의 위치와 비행 가능 지역인지를 알려주고 풍속, 온도, 태양광 X선의 세기 등 드론의 비행에 영향을 주는 정보를 제공한다.

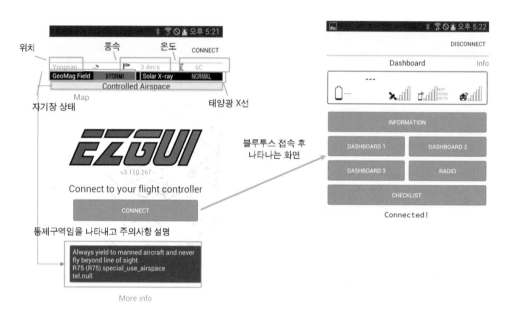

[그림 8-21] EZ-GUI 앱의 실행 화면 및 블루투스 연결 후 메뉴 화면

③ 접속 버튼을 눌러 불루투스가 연결되면 [그림 8-21]의 오른쪽의 상황판(Dash board) 메뉴로 전환된다. 정보(Infotmation)를 클릭하면 [그림 8-22]처럼 현재 기체의 형태 (QUADX), 탑재된 센서(ACC, MAG, BARO), 펌웨어 버전(2.4) 정보가 나타난다. 상황판(Dash board) 1, 2에서는 기체의 비행모드, 롤, 피치, 방위각, 배터리, 고도, I2C 통신 정보 등이 제공된다. 라디오(Radio)를 클릭하면 현재의 채널별 라디오 상태값에 대한 정보를 제공한다.

④ 접속 직후 나타나는 상황판 메뉴의 상단 오른쪽 'Info' 버튼을 선택하면 다음 [그림 8-23]의 좌측과 같은 Info 메뉴가 나타난다. 스마트폰에서 화면을 우에서 좌로 쓸어넘겨도 메뉴가 변경된다. Info 메뉴에는 모터(Motors), GPS 정보, 센서 그래프

(Graphs), 지도(Map) 메뉴가 있고, 세부 메뉴를 선택한 결과는 [그림 8-23]의 중앙과 오른쪽 그림과 같다.

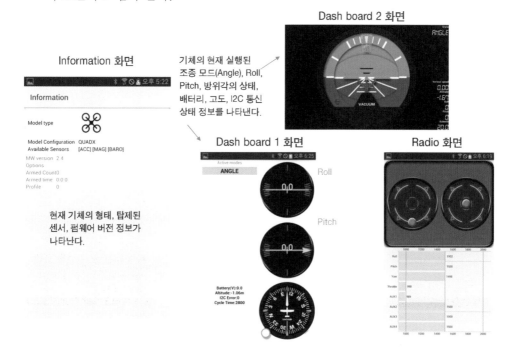

[그림 8-22] EZ-GUI 접속 시 제공되는 정보 및 상황판 메뉴

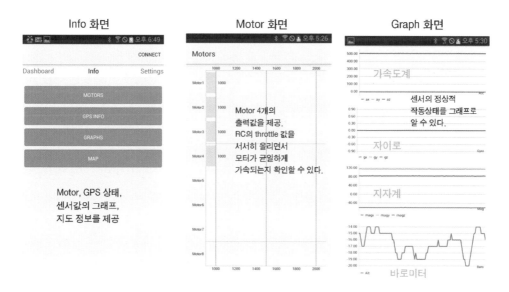

[그림 8-23] Info 메뉴와 메뉴 선택 시 제공되는 화면 정보

⑤ Info 메뉴에서 슬라이드 디스플레이를 왼쪽으로 쓸어넘기면 [그림 8-24]의 왼쪽 그림처럼 설정(Settings) 메뉴가 나타난다. 여기서 PID값 변경, AUX(비행 모드) 설정, 센서 켈리브레이션 등 멀티위의 주요한 설정을 할 수 있다. PID 튜닝 버튼을 누르면 가운데 그림과 같은 설정 화면이 나타난다. 여기서 변경하고자 하는 항목을 선택하고 변경값을 입력한후 화면 상단의 업로드 버튼(↑)을 눌러서 변경값을 비행 컨트롤러에 저장해 주고, 확인(Read) 버튼(↓)을 한 번 더 눌러서 변경값이 저장되었는지 확인한다. AUX 비행 모드 설정도 아래 오른쪽 그림처럼 원하는 모드를 체크한 후 변경 사항을 업로드하고 다시 확인 버튼을 눌러 저장 여부를 확인해 준다. 켈리브레이션은 해당 버튼을 누른 후 이전에 'multiwii.config' 프로그램에서 했던 동일한 방식으로 수행하면 된다.

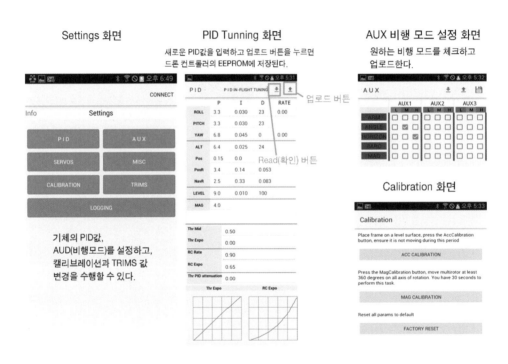

[그림 8-24] EZ-GUI를 통한 기체 설정

PART 09

멀티위를
뛰어넘어서

고급 개발자를 위한 픽스호크 라인
트레이싱 드론 프로젝트 소개

멀티위를 뛰어넘어서

고급 개발자를 위한 픽스호크 라인 트레이싱 드론 프로젝트 소개

9.1 프로젝트 개요

픽스호크 라인 트레이싱 드론은 서울의 모 대학 컴퓨터과학과의 2016년도 2학기 소프트웨어 종합 설계과목의 프로젝트로 시작되었다. 소프트웨어 종합 설계는 4학년 학생 3명이 한 팀이 되어 진행하는 일종의 졸업 프로젝트로, 라인 트레이싱 드론은 저자(김시준)와 패트릭을 포함해 3명으로 구성된 에브리웨어 드론(Everywhere Drone)팀의 프로젝트였다.

라인 트레이싱 드론이란 말 그대로 특정한 색의 선을 바닥에 그리거나 설치하고, 이 선을 인식하여 해당 선을 따라 자동으로 움직이는 드론을 말한다. [그림 9-1]과 같다.

[그림 9-1] 라인 트레이싱 드론

드론을 활용한 프로젝트를 구상한 초기에는 드론의 개발 환경은 물론이거니와 기초적인 조작법도 제대로 알지 못하는 상태였다. 당연히 개발에 참고할 만한 자료도 거의 없었다. 그러나 많은 우여곡절 끝에 프로젝트를 성공적으로 마무리했고, 작품 전시회 이후에는 최우수 작품상을 수상하였다.

드론의 소프트웨어 개발 초기에는 어디서부터 어떻게 시작해야 할지 막막함을 느끼시는 분들이 많을 것 같다. 이런 어려움을 겪고 계실 분들께 조금이나마 도움이 되고자, 에브리웨어팀의 라인 트레이싱 드론 프로젝트의 진행 과정을 공유하게 되었다.

9.2 프로젝트 목적

에브리웨어 드론 팀의 프로젝트 목적은 '택배용 드론의 실내 자율 착륙 시스템 개발'이었다. 몇몇 기업에서 시도 중인 드론을 활용한 택배 시스템의 완전 자동화를 위해서는 해결해야 할 과제가 아직 많이 남아 있는데, 우리 팀은 그중 하나가 바로 물류창고 등 실내의 특정 지점에 정확하게 착륙하는 것이라고 보았다.

당시 소프트웨어를 통한 드론의 제어는 대부분 GPS 신호를 활용하도록 개발되었고, 이는 GPS 신호가 잡히지 않는 실내에서는 제어가 불가능하다는 것을 의미했다. 따라서 GPS 좌표 없이도 실내의 특정 지점에 정확하게 착륙할 수 있는 시스템을 개발하고자 했고, 이를 위해 여러 방안을 고민했다.

라인트레이싱은 그중 배송 시스템에 가장 적합하면서도 제한된 환경 내에서는 구현 난이도가 다른 것에 비해 그리 높지 않았다. 이 방법의 장점은 크게 아래와 같다.

① 범용성 : 대부분 드론에 장착되는 '카메라'를 이용해 라인을 구별함.
② 저비용 : 카메라 이외에 다른 센서를 필요로 하지 않음.
③ 확장성 : 구현에 따라 실내에서 착륙 지점까지 라인을 따라 자율 주행하거나, 여러 대의 드론을 다른 착륙 지점으로 안내할 수 있음.

또한, 작은 차 형태의 라인 트레이서는 많이 개발되어 있는 반면에, 드론을 통한 라인 트레이싱은 아직 시도된 바가 없는 것으로 보여, '택배용 드론의 세계 최초 실내 자율 주행 시스템 개발'을 목표로 프로젝트를 진행하였다.

9.3 시스템 구성

픽스호크 라인 트레이싱 드론은 이름 그대로 픽스호크(Pixhawk) 하드웨어 모듈을 사용하여 제작된 드론을 토대로 만들어졌다. 픽스호크는 PX4 계열의 하드웨어 모듈 중 하나로, 멀티위에서는 아두이노에 해당하는 비행 컨트롤러이다. 반드시 이 컨트롤러를 사용할 필요는 없고, 다음 URL의 다른 컨트롤러를 사용할 수도 있다. (http://ardupilot.org/copter/docs/assembly-instructions.html)

우리 팀은 픽스호크 보드에 아두콥터(ArduCopter) 펌웨어를 설치하여 드론으로서 작동할 수 있게 만들었다. 아두콥터는 아두파일럿이라는 하나의 큰 아두파일럿 플랫폼에 속해 있다. 즉, 아두파일럿은 드론과 같은 쿼드콥터에 적용하는 펌웨어뿐만 아니라 글라이드 형태의 고정익 비행기 또는 무인자동차 등에 적용하는 펌웨어도 포함하고있다.

위와 같이 픽스호크 FC와 아두콥터 비행 코드를 조합하여 원격에서 조종할 수 있는 드론을 만들 수 있다. 다만 이 구성으로는 아직 카메라의 외부 입력에 따라 드론을 조종하는 등의 프로그램을 만들 수는 없을 것이다. 이를 위해서 픽스호크 외의 다른 처리 장치가 필요한데, 여기에 사용할 수 있는 모든 기기를 통틀어 컴페니온 컴퓨터(Companion Computer)라고 칭한다. 픽스호크 라인 트레이싱 드론 프로젝트에서는 기본적으로 미니 컴퓨터의 일종인 라즈베리파이 3를 컴페니온 컴퓨터로 사용한다. (https://www.raspberrypi.org/products/raspberry-pi-3-model-b/)

[그림 9-2] Raspberry Pi 3

또한, 픽스호크와 연결된 컴페니온 컴퓨터에서 드론을 조작하려면 일종의 신호를 전송해야 할 것이다. 이때 사용하는 프로토콜, 즉 일종의 규약으로 MAVLink라는 것이 있다. MAVLink 형태에 맞춰서 드론으로 메시지를 보내면 해당 명령대로 드론이 움직이게 되는 것이다. 명령 메시지들을 이 MAVLink 형태에 맞춰 쉽게 보낼 수 있도록 만들어진 개발자 도구로는 드론키트(DroneKit)가 있다. (http://dronekit.io/)

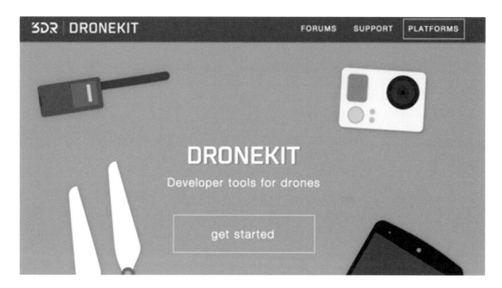

[그림 9-3] 드론키트 사이트 메인 화면

라즈베리파이에 드론키트의 파이썬(Python) 라이브러리까지 설치하면 드디어 프로그래밍을 통해 드론을 조작할 수 있는 기본적인 환경이 완성된다. 여기에 필요에 따라 카메라나 각종 센서를 추가해서 원하는 구성을 맞출 수 있다. 픽스호크 라인 트레이싱 드론 프로젝트에서는 라즈베리파이에 카메라(Pi Camera)를 추가하여 사용하게 되었다.

프로그램 소스는 보통 노트북 등의 외부 클라이언트 컴퓨터에서 라즈베리파이로 전송하게 된다. 또한, 프로그램에 의해 동작 중인 드론을 위급 상황으로 인해 멈추거나 착륙시켜야 할 때에도 일반적으로 클라이언트 컴퓨터가 필요하다. 조작 메시지를 라즈베리파이로 전송하면 파이가 픽스호크로 전달하는 형태가 되는 것이다. 이때 파이에 설치해야 하는 것이 MAVProxy 소프트웨어다. (http://ardupilot.github.io/MAVProxy/)

위 URL의 설명에 나와 있듯이, MAVProxy는 외부 기기에서 무인기로 명령을 전달하는 일종의 GCS(Ground ControlStation)이다. 이를 라즈베리파이에 설치함으로써 노트북 등의 기기에서 명령어를 통해 드론을 설정하거나 제어할 수 있게 된다.

전체 구성을 그림으로 나타내면 [그림 9-4]와 같다.

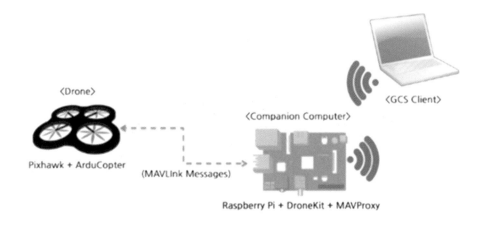

[그림 9-4] 픽스호크 라인 트레이싱 드론의 시스템 구성

9.4   따라 해보기

앞서 설명한 시스템 구성을 그대로 만드는 데에는 생각보다 필요한 정보가 많다. 따라서 이 구성을 그대로 사용하길 원하는 분들을 위해 하드웨어 및 소프트웨어 구성 순서를 정리해 보겠다.

9.4.1 드론 하드웨어 구입

드론을 프로그래밍하려면 일단 드론이 있어야 한다. 하드웨어부터 모두 이해하기를 원하는 경우에는 부품을 구입하여 직접 만들 수도 있다. 픽스호크(Pixhawk)의 경우 오픈 소스 하드웨어인 만큼, 드론을 직접 만들 수 있는 튜토리얼도 쉽게 찾을 수 있다.

다만 드론을 만들기 위해 필요한 부품과 설비도 꽤 많고, 또한 라즈베리파이 등 함께 구매해야 하는 것들이 있기 때문에 대부분은 완성된 드론 하드웨어를 구매하길 원한다. 이 경우에는 다음 URL에서 연구용 드론을 구매할 수 있다. (https://www.openmakerlab. co.kr/moving-cart-px4-250quad)

[그림 9-5] PX4 기반 250 연구용 드론

위 드론은 에브리웨어 드론 팀과 함께 실내 연구에 적합하도록 설계한 드론이다. 다만 아두콥터(ArduCopter) 펌웨어를 설치할 수 있고 라즈베리파이와 연결이 가능한 하드웨어라면 다른 드론을 사용해도 무관하다.

9.4.2 아두콥터(ArduCopter) 펌웨어 설치

픽스호크 등의 비행 컨트롤러는 기본적으로 펌웨어가 설치되어 있지 않다. 이 컨트롤러를 고정익 비행기에 사용할 수도, 쿼트콥터 드론에 사용할 수도 있기 때문이다. 따라서 구매한 드론의 비행 컨트롤러에 펌웨어가 설치되어 있지 않다면 아두콥터 펌웨어를 설치해 주어야 한다.

펌웨어는 다양한 방식으로 설치할 수 있지만, 윈도즈 환경을 사용할 수 있는 경우 미션 플래너(Mission Planner)라는 소프트웨어를 통해 쉽게 설치할 수 있다. (http://ardupilot. org/copter/docs/common-install-mission-planner.html)

아두파일럿(ArduPilot)에서 제공하는 위 문서에 미션 플래너의 설치 및 드론 펌웨어의 설치 과정이 잘 정리되어 있으므로, 이를 참고하여 픽스호크에 아두콥터의 최신 펌웨어를 설치해 준다.

9.4.3 라즈베리파이 - 라즈비안 운영 체제 설치

라즈베리파이를 별도 구매했거나 드론에 설치된 라즈베리파이에 운영 체제가 설치되어 있지 않은 경우, 별도로 라즈베리파이의 운영 체제인 라즈비안을 설치해야 한다. 이때 필요한 준비물은 다음과 같다.

① SD 카드 읽기·쓰기가 가능한 컴퓨터
② microSD 카드(최소 8GB 이상의 용량, 16GB 권장)
③ microSD 카드 리더

위 구성을 갖춘 상태로 다음 URL(https://www.raspberrypi.org/downloads/raspbian/)로 접속하면 해당 페이지에서 Torrent 또는 ZIP 파일 형태로 라즈비안 운영 체제를 내려받을 수 있다.

[그림 9-6] 라즈비안 운영 체제의 선택

라즈비안은 필요한 기본 구성에 따라 두 가지 중 하나를 선택하여 받을 수 있는데, [그림 9-6]에서 왼쪽 버전은 X-Window 등 리눅스의 GUI(Graphical User Interface) 환경을 포함하여 설치하는 데스크톱 버전이다. 오른쪽의 LITE 버전은 GUI 환경을 제외한 CLI(Command Line Interface) 버전이며 데스크톱 버전에 비해 훨씬 적은 용량을 차지한다.

드론 개발 환경에는 일반적인 경우 GUI 환경이 필요하지 않고, 또한 SD 카드의 용량에 제한이 있으므로 특별히 GUI 환경을 필요로 하지 않는 경우 LITE 버전을 내려받도록 한다. ZIP 파일을 다운로드한 경우, 압축을 해제하여 이미지 파일(.img)을 준비한다.

이제 라즈베리파이에서 OS를 인식할 수 있도록 이미지 파일을 SD 카드에 써넣어야 한다. 컴퓨터에 SD 카드를 삽입하고, 다음 URL에 접속하여 자신의 OS에 맞는 SD 카드 쓰기 도구를 내려받는다. (https://etcher.io/)

위 도구를 사용하면 굉장히 쉽게 SD 카드에 라즈비안 이미지 파일을 쓸 수 있다. 쓰기 순서는 다음과 같다.

(1) ‘Select image’ 버튼을 눌러 다운로드 받은 이미지 파일을 선택한다.

(2) ‘Select drive’ 버튼을 눌러 SD 카드로 인식된 드라이브를 선택한다.

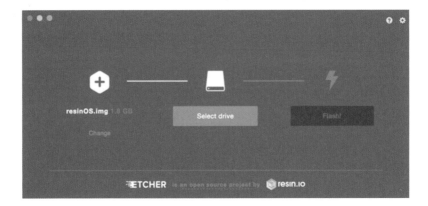

(3) ‘Flash’ 버튼을 눌러 SD 카드에 라즈비안 OS 이미지 파일을 써넣는다.

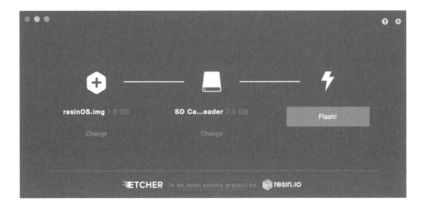

에처(Etcher)와 같은 SD 카드 쓰기 도구를 별도로 사용하지 않는 경우, 사용하는 운영체제에 따라 OS 이미지를 쓰는 방법이 다르다. 이 과정이 알고 싶은 경우, 다음 URL의 하단부에 있는 OS별 설치 가이드 링크를 참고한다. (https://www.raspberrypi.org/documentation/installation/installing-images/README.md)

설치를 정상적으로 마친 경우, 라즈베리파이에 키보드와 모니터를 연결하고 SD 카드를 삽입하여 전원을 넣으면 라즈비안 OS로 부팅이 시작되는 것을 볼 수 있다. 이때 기본 생성 계정명은 'pi'이고, 비밀번호는 'raspberry'이다.

첫 설치 후에는 SD 카드 사용 용량에 제한이 걸려 있을 수 있다. 'df -h' 명령어로 이를 확인할 수 있으며, 제한을 해제해 사용 가능 용량을 크게 하기 위해 부팅 후 pi 계정으로 로그인하고, 커맨드라인상에서 'sudo raspi-config'을 입력하여 설정 화면으로 진입한다.

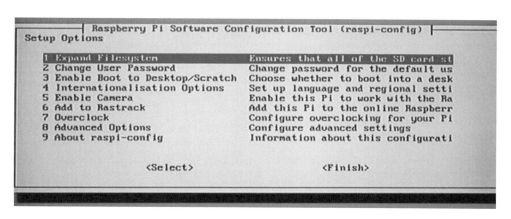

[그림 9-7] raspi-config 실행 화면

커서를 1번에 둔 채로 엔터를 누르면 SD 카드의 모든 용량을 사용할 수 있도록 설정이 변경된다. 'sudo reboot' 등의 명령어를 통해 재부팅한 후 'df -h' 명령어를 통해 확보된 공간을 확인할 수 있다.

9.4.4 라즈베리파이 – 클라이언트 컴퓨터에서 연결 및 MAVProxy 설치

운영 체제 설치 후에는 클라이언트 컴퓨터에서 라즈베리파이에 접속하여 필수 패키지와 MAVProxy를 설치해야 한다. 이때 랜케이블이 필요할 수 있으며, 클라이언트 컴퓨터에서 SSH 연결을 통해 라즈베리파이에 접속하게 된다. 아래 URL을 참고하여 MAVProxy의 설치까지 마치도록 한다. (http://ardupilot.org/dev/docs/raspberry-pi-via-mavlink.html)

MAVProxy를 설치한 후에는 클라이언트 컴퓨터에서 MAVProxy를 통해 드론의 제어가 가능한지 확인해야 한다. 이를 위해 클라이언트 컴퓨터를 사용하여 MAVProxy에서 아듀콥터의 각종 파라미터를 확인한 후, 드론의 기본 모드에서 아래 명령어를 실행해 본다.

```
〉param set ARMING_CHECK 0
〉mode STABILIZE
〉arm throttle
〉mode LAND
〉 param setARMING_CHECK 1
```

지금까지 정상적으로 설치되었다면 위 명령어를 통해 드론의 날개가 회전하다가 정지할 것이다.

9.4.5 라즈베리파이 – Access Point로 설정하기

9.4.4번에서는 라즈베리파이와 클라이언트 컴퓨터를 동일한 WiFi Access Point에 연결한 후 해당 AP를 통해 SSH 등의 연결을 하였다. 하지만 드론을 테스트하는 환경은 대부분 외부인 경우가 많다. 외부에서 드론에 프로그램 소스 코드를 올리거나 제어 신호를 보내기 위해서는 클라이언트 컴퓨터에서 라즈베리파이에 직접 연결할 수 있도록 만들어야 한다. 이를 위해 라즈베리파이에 hostapd와 dhcp 서버를 설치한다. (http://ardupilot. org/dev/docs/making-a-mavlink-wifi-bridge-using-the-raspberry-pi.html)

이는 일반적인 리눅스 혹은 라즈베리파이에 hostapd와 dhcp를 설치하는 방법과 같으므로 위 URL을 참고하거나 다른 가이드를 참고할 수 있다.

9.4.6 라즈베리파이 – 드론키트 설치

드론키트(DroneKit)는 이전에는 MAVProxy에 의존성이 있었으나, 2.0 버전이 되면서 독립적으로 실행이 가능하도록 변경되었다. 또한, 사용 방법도 변경되었으므로 공식 사이트가 아닌 곳의 정보는 잘못되었을 가능성이 높다. 이를 고려하여 공식 가이드 문서의 퀵 스타트 부분을 따라 라즈베리파이에 드론 키트를 설치하도록 한다. (http://python. dronekit.io/guide/quick_start.html) 설치 이후 기본 예제인 'Hello Drone'까지 실행이 제대로 된다면 기본적인 프로그래밍 환경이 구축된 것이다.

9.4.6번까지 진행이 된 이후에는 원하는 프로그램을 만들어 테스트할 수 있는 환경이 구축된다. 라인 트레이싱을 하기 위해서는 에브리웨어 드론 팀에서 기트허브(Github)에 등록한 'line-follower' 소스를 받아 scp 명령 등을 통해 드론에 업로드하면 되며, 이후 드론의 상태에 따라 몇 가지 변수를 수정해야 할 필요가 있다.

위 구성의 설치에 대해 질문이 있거나 라인 트레이싱 프로젝트를 진행하길 원한다면 다음의 커뮤니티 사이트에 방문하면 더 많은 정보를 찾을 수 있다. (https://www.openmaker.co.kr/)

에브리웨어 드론 팀은 학기 프로젝트 이후 오픈 메이커 드론(Open Maker Drone) 팀을 구성하였으며, 위 커뮤니티를 운영하게 되었다. 새로운 드론 프로젝트와 개발 관련 자료들을 정리하고 포럼을 구성하여 드론 개발을 더 활성화하고자 하는 취지의 커뮤니티이므로 더 심화된 프로젝트를 진행할 때에도 도움이 될 것이다.

9.5   더 나아가서

픽스호크 라인 트레이싱 드론은 드론을 이용한 배송에서 활용할 수 있도록 개발되었지만, 이를 응용하면 더 다양한 목적에 맞게 만들 수 도 있다. 예를 들면 특정한 지점에 착륙하는 것을 이용하여 배터리 자동 충전 시스템을 구성할 수도 있고, 특정한 경로를 순찰하는 순찰용 드론으로 만들 수도 있을 것이다.

이처럼 현재 드론의 자율 주행 혹은 프로그램을 통한 드론의 제어는 아직 응용과 발전 가능성이 무궁무진한 분야로, 오픈소스 플랫폼의 발전에 따라 소프트웨어 개발자들의 개발 접근성 또한 좋아지고 있다.

프로그래밍이 가능한 환경이 설치된 드론을 가지고 어떤 것이 가능할지는 앞으로 어떤 것을 상상하느냐에 달려 있다. 라인을 따라가서 자동으로 착륙하는 드론을 넘어, 새로운 것들을 상상해 보자. 개발 과정에 어려움을 겪거나 논의가 필요할 때는 오픈 메이커 드론 커뮤니티를 방문하면 오픈 메이커 드론 팀뿐만 아니라 개발에 관심을 가지고 있는 많은 분이 도와줄 것이다.

PART 10

픽스호크
라인 트레이싱 드론의
라인 인식 알고리즘
적용 튜토리얼

픽스호크 라인 트레이싱 드론의
라인 인식 알고리즘 적용 튜토리얼

10.1 튜토리얼 소개

이 튜토리얼에서는 라즈베리파이와 파이 카메라, OpenCV의 파이썬 라이브러리를 활용하여 컴퓨터 비전 처리를 하는 방법을 설명한다. OpenCV는 오픈 컴퓨터 비전(Open Computer Vision)의 약자로, 픽스호크와 같은 비행 컨트롤러에 연결되어 사용되는 컴페니온 컴퓨터에서 비전 처리를 기반으로 한 자율 주행 애플리케이션을 만들 때 드론키트 또는 MAVLink를 기본으로 만든 라이브러리와 함께 광범위하게 사용할 수 있다.

OpenCV는 C++/C언어를 기본으로 만들어진 라이브러리이지만, 제공되는 API를 통해 파이썬 혹은 Java, MATLAB 등의 다양한 프로그래밍 언어를 통해 사용할 수 있다. 이 튜토리얼에서는 파이썬을 사용하여 라인 트레이싱 애플리케이션에서 라인을 어떻게 인식하는지 자세히 살펴볼 것이다.

[그림 10-1] OpenCV를 사용한 라인 인식의 전과 후

10.2 하드웨어 요구사항

① 라즈베리파이 3B : 어떤 버전이어도 무관하지만, 컴퓨터 비전 처리는 처리에 리소스를 많이 필요로 하므로 최신 버전을 추천한다.

② 라즈베리 카메라 모듈 (V1 또는 V2) : 이미지 품질을 위해 파이 카메라 V2를 추천하며, 이 튜토리얼에서는 V2를 사용한다.

10.3 선택사항

대각선 길이가 250mm 혹은 그 이상인 쿼드콥터(드론) : 쿼드콥터는 라즈베리파이와 카메라 모듈을 모두 실을 수 있을 정도의 크기는 되어야 한다. 라즈베리파이로 쿼드콥터를 조종하기 위해서는, 아듀콥터 펌웨어를 올릴 수 있는 픽스호크와 같은 외부 조종이 가능한 비행 컨트롤러가 필요하다. 그러나 라인 인식 자체는 드론 없이 테스트가 가능하다.

10.4 필수 소프트웨어 설치

가장 먼저 해야 할 것은 라즈베리파이의 Micro SD 카드에 파이용 리눅스 배포판을 설치하는 것이다. 이 튜토리얼에서는 라즈베리파이 재단에 의해 공식으로 지원되고 가장 일반적으로 사용되는 라즈비안(Raspbian)을 사용했다. 라즈비안에는 현재 기본적으로 파이썬(Python) 2.7.x 버전이 기본적으로 설치되어 있다.

라즈비안 설치를 위해 라즈베리파이에 모니터와 키보드 등을 연결하여 터미널 애플리케이션을 실행하거나 SSH를 통해 접속한 뒤 다음의 명령어를 입력한다.

```
sudo apt-get update
sudo apt-get installpython-opencv python-pip python-numpy
```

이 커맨드를 입력하면 패키지 설치를 위한 Repository를 업데이트하고 Python OpenCV 라이브러리와 python - pip, python - numpy 패키지를 설치한다. 각각에 대한 설명은 다음과 같다.

① python-opencv : 컴퓨터 비전 처리에서 가장 널리 사용되는 오픈소스인 OpenCV의 파이썬 라이브러리이다.

② python-pip : 파이썬의 패키지 관리 도구이다. 이후에 필요한 pi camera 라이브러리의 설치를 위해 필요하다.

③ python-numpy : 컴퓨터 비전 처리에서 자주 사용되는 수학적 연산을 간소화하기위해 필요하다.

다음으로 아래 명령을 통해 파이 카메라 라이브러리를 설치한다.

④ sudo pip install picamera : 파이 카메라 모듈을 사용하기 위한 파이썬 인터페이스를 제공한다.

10.5 파이 카메라 활성화 및 테스트

파이썬 코드를 작성하기 전에, 라즈베리파이에 카메라를 설치하고 이 카메라가 제대로 작동하는지를 먼저 확인해야 한다. 첫 번째로, 전원이 꺼진 상태의 라즈베리파이의 카메라 포트에 아래와 같이 카메라 모듈을 설치한다.

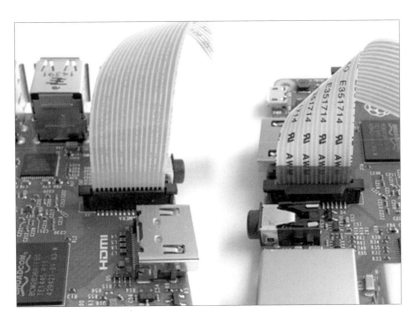

[그림 10-2] 파이 카메라를 설치한 라즈베리파이의 앞과 뒤

다음으로 터미널에 아래 명령어를 입력한다.

(1) sudo raspi-config

명령어를 입력하면 라즈베리파이의 설정 메뉴가 보일 것이다. 여기서 'Enable Camera'를 선택한 뒤 엔터를 눌러 카메라를 활성화한다. 이후 'Finish'를 선택하고 다시 엔터를 눌러 설정 메뉴에서 나온다. 마지막으로, 설정을 반영하기 위해서 라즈베리파이를 다시 시작한다.

이제 카메라를 테스트해 보아야 한다. 카메라의 초점을 특정한 물체에 맞춰 놓고, 아래 명령어를 입력한다.

(2) raspistill -o test.jpg

이 명령어를 입력하면 사진을 찍어 현재 디렉토리에 'test.jpg'라는 이름으로 저장한다. 이 파일을 보기 위해서는 라즈비안의 이미지 뷰어 애플리케이션을 사용하거나, GUI 환경으로 파이에 접근한 것이 아니라면 네트워크를 통해 해당 파일을 로컬 컴퓨터로 복사하면 된다. 만약 위 명령어가 에러 메시지를 출력한다면, 카메라 케이블이 'Camera'라고 써진 포트에 정확히 연결되어 있는지 확인하고 이전 단계를 다시 시도한다.

테스트로 찍은 파일이 깨끗하게 보이는지 확인하고, 만약 사진이 흐리게 보인다면 파이 카메라와 함께 제공되는 원형의 플라스틱 도구를 사용하여 렌즈를 돌려 포커스를 조절해야 한다.

10.6 파이썬과 파이 카메라 라이브러리 사용하기

이전까지의 과정을 통해 카메라를 라즈베리파이에 설치하고 잘 작동하는지 확인이 되었다면, 이제 파이썬 코딩을 시작할 수 있다. 이후의 진행은 화면을 통해 이미지를 확인할 수 있도록 라즈베리파이의 GUI 환경을 사용하는 것을 전제로 한다.

텍스트 에디터 프로그램을 열어 다음의 코드를 입력한다.

```
#Import modules
import picamera
import picamera.array
import time
import cv2

#Initialize camera
camera = picamera.PiCamera()
camera.resolution = (640,480)
rawCapture =picamera.array.PiRGBArray(camera)
#Let camera warm up
time.sleep(0.1)

#Capture image
camera.capture(rawCapture, format="bgr")
img = rawCapture.array

cv2.imshow("picamera test", img)
cv2.waitKey(0)
```

입력한 코드를 test.py라는 이름의 파일로 저장한다. 이후 터미널을 열어 해당 파일이 저장된 경로로 이동한 뒤, python test.py를 입력하면 이 Python 프로그램을 실행할 수 있다. test.py를 실행하면 카메라를 통해 사진을 찍을 수 있고, 새 창을 통해 찍은 사진을 확인할 수 있다. 키보드의 아무 키나 누르면 이 창을 닫을 수 있다.

위 코드 시작 부분에서는 picamera, picamera.array, time과 cv2(OpenCv2의 약자) 등 필요한 API를 import를 통해 불러온다. picamera.array는 picamera의 sub-module로, 파이 카메라로부터 NumPy 배열을 가져올 수 있도록 만들어 준다. OpenCV에서는 NumPy를 이미지를 표현할 때 사용하므로, picamera.array를 사용하면 이미지 프로세싱을 할 때 파이 카메라의 이미지를 OpenCV 포맷에 맞춰 JPEG 형태로 인코딩하거나 디코딩할 필요가 없다.

코드의 다음 부분에서는 카메라 객체를 초기화하고 해상도를 640x480으로 설정한 뒤, 이미지 배열이 저장될 rawCapture 변수를 초기화한다. 파이 카메라는 해상도를 3280x 2464까지 지원하지만, 이미지 프로세싱은 컴퓨팅 자원을 많이 소모하므로 상대적으로 낮은 해상도를 사용하는 것을 권장한다. 이는 특히 이미지를 실시간으로 빠르게 처리해야할 때 중요하다. camera 변수를 초기화한 이후에는 카메라 모듈의 준비를 위해 0.1초를 기다린다.

사진을 찍을 때는 첫째 인수로 캡처 스트림을 받고 둘째 옵션 인수로 포맷을 받는 picamera.capture() 함수를 사용한다. 예제에서는 OpenCV에서 이미지 처리를 위해 사용하는 BGR 포맷을 사용하다. cv2.imshow() 함수는 화면에 이미지를 출력하고, 이후 창을 닫고 스크립트를 종료하기 위해 키보드 입력을 기다린다.

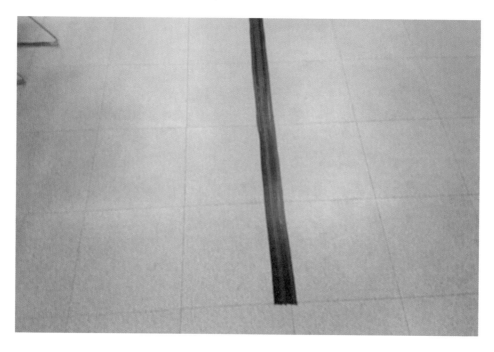

[그림 10-3] 파이 카메라로 찍은 바닥의 검은색 선

　드론, 입문부터 제작까지 사물인터넷을 활용한 드론 DIY 가이드

10.7 OpenCV를 사용한 이미지의 라인 인식

지금까지 OpenCV에서 활용할 수 있도록 파이 카메라 라이브러리를 사용하여 사진을 찍는 방법을 살펴봤다. 다음으로는 정지 이미지를 찍고 OpenCV를 사용하여 이미지 프로세싱을 하는 방법을 소개하겠다. 이전에 만든 test.py 파일을 수정하거나 새 Python 파일을 만들어 다음의 코드를 포함하도록 수정한다.

```python
#Initialize camera
camera = picamera.PiCamera()
camera.resolution = (640,480)
rawCapture =picamera.array.PiRGBArray(camera)
#Let camera warm up
time.sleep(0.1)


#Capture image
camera.capture(rawCapture, format="bgr")
img = rawCapture.array


#Convert to Grayscale
gray = cv2.cvtColor(img, cv2.COLOR_BGR2GRAY)


#Blur image to reduce noise
blurred =cv2.GaussianBlur(gray, (9, 9), 0)


#Perform canny edge-detection
edged = cv2.Canny(blurred, 50, 150)


#Perform hough lines probalistic transform
lines = cv2.HoughLinesP(edged,1,np.pi/180,10,80,1)
```

```
#Draw lines on input image
if(lines != None):
    forx1,y1,x2,y2 in lines[0]:
        cv2.line(resized,(x1,y1),(x2,y2),(0,255,0),2)


cv2.imshow("line detect test", img)
cv2.waitKey(0)
```

import가 포함된 라인은 간결한 정리를 위해 생략하였다. 기본적인 카메라 초기화와 캡처 방식은 이전의 코드와 같지만, cv2를 사용한 이미지 프로세싱을 위해 코드를 추가하였다.

우선 cv2.cvtColor( ) 함수를 사용하여 이미지를 그레이 스케일로 변환하여 gray 변수에 저장한다. cvtColor( ) 함수는 이미지와 색채 공간을 인수로 받아 해당 이미지를 하나의 색채 공간에서 다른 색채 공간으로 변환한다. 색채 공간 변환 코드는 cv2 API에 상수로 정의되어 있고, 위 예제의 경우 BGR 색상에서 그레이 스케일로 변환할 수 있도록 cv2. COLOR_BGR2GRAY 코드를 사용한다. 변환 코드에 대해 더 많은 정보는 OpenCV 공식 문서에서 확인할 수 있다. (http://docs.opencv.org/2.4/index.html)

모든 카메라의 센서는 기본적으로 노이즈가 어느 정도 있고, 이로 인해 카메라의 시점에서는 이 노이즈를 라인이나 선분으로 오인할 수 있다. 이런 오류를 최소화하기 위해서 이미지를 흐리게 처리하는데, 이때 가우시안 블러(Gaussian Blur)를 사용한다. 예시로 사용할 이미지에서는 기본적으로 굵은 선을 사용하기 때문에, 가우시안 블러를 적용해도 라인을 인식하는 데에는 문제가 없다.

노이즈가 제거된 상태의 이미지를 만든 후에는 케니 에지 검출(Canny Edge Detection) 알고리즘을 적용한다. 적용 후에는 흑백 이미지를 에지(edged) 변수에 저장하고, 입력된 이미지의 경계선들은 흰색 픽셀로 표시된다. Canny( ) 함수와 GaussianBlur( ) 함수의 인수로는 이미지의 종류와 조명 환경 등에 따라 다른 값을 쓰게 되는데, 예제에서는 기본적으로 다양한 환경에서 일반적으로 적용되는 값을 사용하였다.

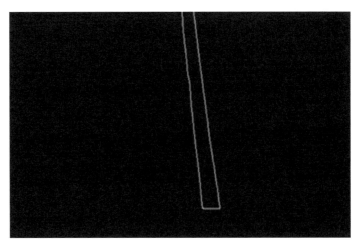

[그림 10-4] 파이 카메라로 찍은 바닥의 검은색 선

　이미지 처리의 마지막 단계로, 이미지에서 직선을 인식하고 이 선의 시작점과 끝점을 계산해야 한다. 이를 위해 컴퓨터 비전 분야에서 특징점 추출에 널리 사용되는 허프 변환 (Hough Transform) 기법을 적용한다. OpenCV에서는 cv2.HoughLinesP( ) 함수가 제공되어 이를 쉽게 적용할 수 있다. HoughLinesP( ) 함수는 이미지에서 인식한 경계선의 시작점과 끝점을 담은 배열을 반환한다. 위 함수의 5번째 인수는 가장 짧은 라인의 픽셀 길이를 설정하여, 80픽셀보다 짧은 길이의 라인은 무시해도 된다. 마지막 인수는 라인 사이의 최대 갭을 설정하며, 저해상도의 이미지에서는 0 또는 1을 줄 때 가장 라인을 잘 인식한다.

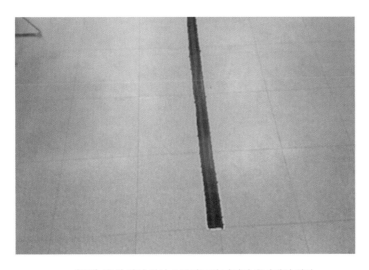

[그림 10-5] 라인 인식 스크립트의 마지막 오버레이 결과

이미지 프로세싱의 결과를 화면에 출력하고 스크립트를 끝내기 위해 허프 변환 (Hough Transform)을 적용하여 생성한 라인의 배열을 사용한다. 이 배열에 저장되어 있는 인식된 선분을 원본 이미지 위에 그리면 인식 결과를 시각화할 수 있다.

드론 교육용 키트 소개

250 멀티위 연구 및 교육용 드론 키트 구성 및 부품 목록

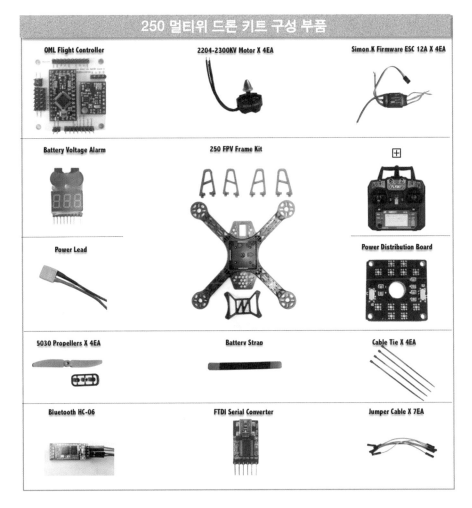

250 PX4 연구 및 교육용 드론 키트 구성 및 부품 목록

250 PX4 연구용 드론 키트 구성 부품

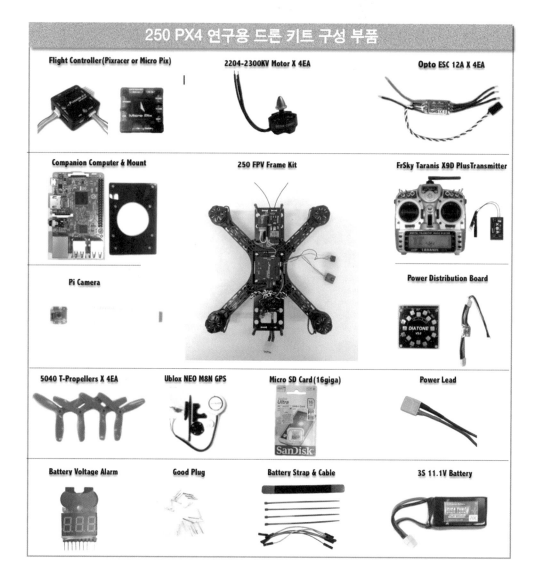

Flight Controller(Pixracer or Micro Pix)

2204-2300KV Motor X 4EA

Opto ESC 12A X 4EA

Companion Computer & Mount

250 FPV Frame Kit

FrSky Taranis X9D PlusTransmitter

Pi Camera

Power Distribution Board

5040 T-Propellers X 4EA

Ublox NEO M8N GPS

Micro SD Card(16giga)

Power Lead

Battery Voltage Alarm

Good Plug

Battery Strap & Cable

3S 11.1V Battery

주식회사 열린친구 소개

개발

(주)열린친구

열린친구는 공유와 협력의 정신을 바탕으로 하는 오픈소스 기반의 메이커 비즈니스와 IoT 비즈니스를 사업 영역으로 하는 기업으로 드론과 로보틱스 분야에서 개발, 교육, 판매에 주력하고 있습니다.

커뮤니티

DIY쇼핑몰

기술 서비스 및 구매 관련 문의처

판매된 키트에 대한 기술 정보는 Open Maker Drone 커뮤니티를 통해 회사에 의해서 제공되거나 회원 간에 공유됩니다.

MultiWii 드론 커뮤니티

https://www.openmaker.co.kr/korean-forum/multiwii

PX4 드론 커뮤니티

https://www.openmaker.co.kr/korean-forum/px4-pixhawk-pixracer

구매 관련 문의처

Tel. : 070-5035-1119

E-mail : openmakerlab@gmail.com

[저자 소개]

김회진

런던 시티대학교(City, University of London) 카스경영대학원 졸업

현 (주)열린친구 대표

한전KDN(주), (주)두산 출판 BG, 아이디스앤트러스트(주) 등에서 기술전략, 전략기획, 사업개발 등의 역할을 수행

동양미래대학교, 한국인터넷전문가협회 등에서 드론 관련 강의

한국과학창의재단 2015년/2016년 사물인터넷, 메이커 심사위원

행정안전부 디자인 3.0 국민디자인워크숍 IoT 전문가로 참여

김시준

연세대학교 컴퓨터과학과 졸업

현 (주)에잇컵스 기술이사

Google 사물 인터넷 스타트업 창업가이드북 공동 저자 (2015. 03. 출간)

패트릭 에릭슨

스웨덴 스톡홀름대학교 한국어학과 중퇴

연세대학교 컴퓨터과학과 재학

드론, 입문부터 제작까지

사물인터넷을 활용한 드론 DIY 가이드

| 2017년 | 10월 | 23일 | 1판 | 1쇄 | 인 쇄 |
| 2017년 | 10월 | 30일 | 1판 | 1쇄 | 발 행 |

지 은 이 : 김회진 · 김시준 · 패트릭 에릭슨

펴 낸 이 : 박정태

펴 낸 곳 : **광 문 각**

10881

경기도 파주시 파주출판문화도시 광인사길 161

광문각 B/D 4층

등 록 : 1991. 5. 31 제12 - 484호

전 화(代) : 031-955-8787

팩 스 : 031-955-3730

E - mail : kwangmk7@hanmail.net

홈페이지 : www.kwangmoonkag.co.kr

ISBN : 978-89-7093-862-2 93560

값 : 20,000원

 한국과학기술출판협회회원
KSPA